인체, 진화의 실패작

인체,
진화의 실패작

**너덜너덜한 설계도에 숨겨진
5억 년의 미스터리**

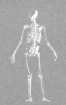

엔도 히데키 지음 | 김소운 옮김

여문책

차례

역사를 알고자 할 때 우리는 옛날 일을 조금이라도 더 정확히 전해줄 증거를 찾는다. 고문서를 분석하거나 사적을 방문하고, 유적을 발굴하거나 출토품을 조사하는 작업은 역사 연구의 기본 중 기본이다. 당연히 기초지식과 논리성 외에 끈기와 체력, 시간도 필요한 작업이다. 유적 하나를 연구하는데 학자 한 명이 일생을 바쳐도 시간이 부족한 경우는 부지기수다. 역사학은 그런 성가시고 번잡한 작업을 왜 되풀이하는 것일까?

그것은 역사상의 시간은 현실에 재현하기가 불가능하기 때문이다. 만일 실험실에서 역사의 시간을 반복하는 작업이 이루어진다면 과거의 사건은 객관적인 형태로 생생하게 묘사될 것이다. 자연히 역사학은 번잡한 증거 찾기 과정의 축적이 아니라 고상한 실험실 과학으로 변신하겠지만.

그러나 역사를 실내에서 재현하는 것은 꿈같은 일이다. 따라서 우리는 착실하게 옛 문자를 해독하고, 유적을 통해 과거를 알아가는 노력을 되풀이한다. 그렇게 착실히 증거를 찾아 축적하는 것이 역사 연구의 왕도다. 그러한 대처에는 노력이 필요하지만, 시간이라는 수수께끼의 벽을 무너뜨리기 위해 역사학이 할 수 있는 가장 유효하고, 거의 유일한 기법이다.

　그리고 우리의 신체도 역사를 걸어왔다. 더디게 느릿느릿 흐르는 유구한 시간을. 역사를 거슬러 올라가면 이미 5억여 년 전에는 오늘날 인간의 조상인 동물이 지구상에 살고 있었던 듯하다. 직계 조상의 모습이라고는 하나 태곳적 이야기다. 그들은 잘난 체하며 책상에 앉아 컴퓨터를 상대로 욕설을 퍼붓는 여러분이나 저자인 나와는 아직 전혀 비슷하지도 않은 모습의 소유자다. 언뜻 보면 생선조림으로 제격일 작은 물고기처럼 가냘픈 생명이기도 하다. 그러나 심장이든, 신경이든, 근육이든, 체축body axis(신체의 중심축)이든 신체부위를 꼼꼼히 살펴보면 5억 년도 전에 존재했던 이런 '생선조림 재료'에서 이미 인간으로 진화할 미세한 징후가 발견되기 시작한다. 우리의 역사는 수억 년 전 그들의 신체로 지구의 역사에 확실한 첫발을 내디딘 것이다.

　이 책에서는 여러분과 함께 책장을 넘기면서 인간과 관련된 동물들과 우리 인간의 신체가 걸어온 발자취를 알아가고, 역사를 들춰보고자 한다. 신체를 연구한다고 하면 흔히들 의학이나 생물학 분야를 떠올린다. 깔끔하게 정돈된 연구실에서 흰 가운을 입은 학자가 세련된 장치를 작동시키면서 실험하는 장면이 자기도 모르게 연상되어서일까.

그러나 실험실에서 신체의 역사를 살펴보려면 또 다른 지구를 만들어서 이 별의 46억 년이라는 시간을 곱씹으며 과거에 무슨 일이 일어났는지 관찰해야 한다. 무리임은 알고도 남는다. 그렇다면 그 대신 역사학처럼 증거를 찾는 노력을 반복해보는 것이 옳은 방법일지 모른다.

여기서 문제는 인간의 역사를 드러내는 증거가 어디에 숨어 있느냐다. 일반적으로 역사학에서는 사막을 발굴해서 오래된 무덤을 발견한다거나, 옛 사찰을 찾아 문서를 발견한다거나, 언어를 추적해서 인간들의 왕래를 알게 된다거나, 유적의 토사土砂에서 오래된 고기잡이 도구를 캐내는 등의 행위 하나하나가 과거의 수수께끼를 푸는 강력한 열쇠가 된다. 그럼 신체의 역사는 어디를 찾아야 과거의 증거를 보여줄까?

증거가 있는 곳은 다른 무엇보다도 우리 가까이에 있다. 역시 기록을 한사코 숨기는 것은 바로 우리의 신체다. 그리고 또 하나, 우리의 신체에 역사의 경로를 제공해준 무수한 동물의 신체야말로 역사 속에 깊숙이 잠재된 지식의 보고다.

과거의 시간을 깊숙이 은밀하게 감춘 인간과 동물의 신체. 진화를 부단히 몸소 겪어온 그 목소리는 수억 년이라는 신체의 역사를 웅변하는 장대한 이야기를 내포하고 있다.

어디 한번 그들의 목소리를 들어볼까?

주연은 여러분 자신이다

나의 일

지금 눈앞에 너구리가 있다.

예로부터 일본인은 이 동물에 친밀감을 가졌다. 온갖 악역을 도맡아 하는 교활한 여우와 족제비에 비해 너구리가 저지르는 행동은 기껏해야 장난인 데다 자못 흐뭇하다. 짧은 다리와 뾰족한 코로 나무열매를 줍고 곤충을 쫓아다니는 모습에는 열심히 사는 평범한 시민의 모습이 겹쳐 보이는 듯도하다. 그뿐인가, 초여름이 지나면 온 가족이 산책하는 모습이일본 전역에서 발견된다. 교미만 하면 아비가 홀연히 사라져버리는 수많은 산짐승과 달리 누가 부모고 누가 새끼인지 모를 너댓 마리가 올망졸망 모여서 걷는 화목하고 정겨운 광경이 이 동물에 대한 사랑을 키운다.

그러나 눈앞의 너구리(그림 1)는 결코 열매를 찾지 못한다.

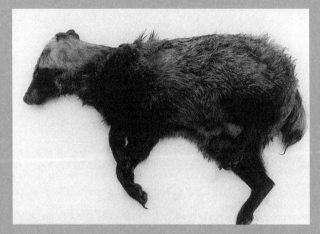

그림 1 운 좋게 어떤 인물에게 발견된 너구리의 시체. 결코 신선한 상태는 아니지만 접근할 수 있는 데이터가 아직 많다. 「국립과학박물관 전문보고서國立科學博物館專報」에서 옮겨 실음.

은행을 맛있게 집어먹기는커녕 지렁이를 잡으려 땅을 파거나 불쑥 얼굴을 내미는 두더지를 숨어서 기다리지도 못한다. 하물며 산을 거니는 가족끼리의 단란한 한때를 행락객에게 보이는 것은 가당치도 않다. 왜냐하면 지금 내려다보는 너구리는 이미 숨을 쉬지 않기 때문이다.

동물의 시체는 여름철엔 하루이틀만 지나면 구더기가 득실득실하다. 물론 귀여운 너구리도 예외가 아니다. 두툼한 털가죽에 구멍을 뚫은 애벌레 떼로 동물의 신체에는 어느새 담황색 구더기가 굼실굼실한다. 뒤이어 세균들이 나타난다. 고기 찌꺼기도 내장 조각도 놓치지 않는다. 시체 조직을 기막힌 악취로 바꾸면서 세균은 유해를 창백한 뼈로 둔갑시킨다.

이러한 시체를 접했을 때 무엇을 알아낼 수 있을지, 그러려면 어떤 식으로 해부해야 할지를 철저히 생각한다. 정확히 말하면 실제로는 한가하게 생각할 틈이 없다. 그럴 동안 시체는 완전히 부패해버리기 때문이다.

그래서 나는 평소에 시체를 마주치는 이런저런 상황을 머릿속으로 재현하고 착수할 연구를 상세하게 상기하면서 살고 있다. 물론 시체의 종류는 그때그때 다르고, 시체가 출현하는 상황도 돌발적이다. 다양한 상황을 상정하면서 생각하는 머리와 해부하는 팔을 미리 훈련하는 것이다. 설사 발견 당시에 엄청나게 부패해서 의미가 모호한 시체라도 가능한 일을 평소에 골똘히 생각해두면 소중한 정보를 들려줄 테니까.

비유하자면 나의 일상은 소방관과 흡사할지도 모른다. 소방관이 인명을 구하고 불을 꺼야 하는 상황은 사전에 정해진 것이 아니다. 그러므로 전문 소방관은 아무리 험한 외벽이 가로막아도, 아무리 세찬 불이 나도 결코 기죽지 않을 만큼 사전에 반복해서 훈련한다.

시체해부도 똑같다. 임의로 설정한 상황에서 임의의 시체와 무한히 대면한다. 피투성이의 아수라장을 상기하며 무슨 일이 벌어져도 끄떡없도록 두뇌를 단련해둔다. 그것이 나의 일이다.

'평소부터 시체 앞에 서 있는 나를 몰아붙인다.'

시체해부에 종사하는 우리의 전문가 의식은 그렇게 발현된다.

지금 해야 할 일은?

밉살스러운 큰부리까마귀Corvus macrorhynchos에게 목을 쪼아 먹힌 주인공(그림 2)은 지금 황천에서 조용히 나를 올려다보고 있다.

'눈앞에 죽은 너구리가 누워 있다면 시체에게 해야 할 일은?'

그야말로 지금(앞서 언급한 그림 1)의 상황이다. 대부분의 독자는 시체를 본 적이 거의 없어서 이런 질문을 받으면 곤혹스러울 테지만 어쩔 수가 없다. 그러나 이 세계에서 제법 오래 일한 사람은 이런 동물의 시체를 접한 경우 정해진 일련의 절차가 자연스레 보이는 법이다.

'입을 벌리고 이빨을 빼보자.'

농담이 아니라 너구리 시체 앞에 선 우리에게는 저절로 그런 생각이 떠오른다(그림 3). 너구리 이빨이 무슨 도움이 되느냐고 하겠지만 전문가의 눈으로 보면 엄청난 보물로 바뀐다.

왜냐하면 수목의 나이테가 그렇듯 주인공의 치아뿌리tooth root(치근dental root이라고도 함)에는 너구리가 산 햇수를 나타내는 멋진 나이테가 새겨져 있기 때문이다.

치아를 뽑아 먹고사는 전문가, 즉 치과의사가 해주는 충치예방 이야기를 들으면 상아질dentine, 백악질cementum 같은 말이 나올 것이다. 이를 구성하는 부위에 붙은 전문용어다. 너구리의 경우 살아만 있으면 이 상아질이나 백악질이라는 부위에 해마다 주성분인 칼슘이 침착된다. 이 칼슘이 쌓이는 속도는 계절이 바뀔 적마다 변하는 듯하다. 먹이가 많은 여름철인지, 배가 고픈 겨울철인지에 따라 체내에 배분하는 영양도 이빨에 공급하는 칼슘의 양도 달라지기 때문이리라. 그

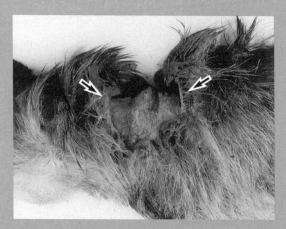

그림 2 그림 1의 너구리의 등. 털가죽 속을 까마귀가 마구 뜯어먹은 듯하다(화살표 참조).「국립과학박물관 전문보고서」에서 옮겨 실음.

그림 3 너구리의 머리뼈. 위턱(상악上顎)과 아래턱(하악下顎)을 떼어냈다. 화살표 표시를 한 곳이 길고 강하게 발달한 포유류의 송곳니. 즉 엄니tusk다. 이가 나는 언저리의 높이는 1센티미터 정도. 집에서 기르는 귀여운 개의 낯익은 이빨처럼 보이지만 시체에서 이 이빨을 빼서 안쪽을 관찰하면 죽은 너구리에 대한 중요한 정보를 끄집어낼 수 있다(국립과학박물관 소장 표본).

것이 우리가 실제로 보는 나이테다. 단 누구나 아는, 목재의 단면에 보이는 줄무늬와 달리 너구리 이빨의 나이테는 전문가가 이빨을 얇게 잘라서 염색한 뒤 높은 배율의 현미경으로 봐야 겨우 발견할 수 있을 정도로 미세하다. 그래서 우리는 시체에서 뺀 이빨을 특수한 칼로 얇게 잘라 현미경으로도 쉽게 분간이 가지 않는 나이테를 찾는다.

그러나 이빨만 빼고 끝내버리면 이 너구리는 성불을 못 한다. 시체를 통해 당장 가능한 일이 또 있다. 어디 위를 한번 절개해볼까. 위장의 경우, 살인사건 피해자 부검과 비슷한 작업이 기다린다. 형사는 '가해자'의 도주 경로가 궁금하다. 시간이 별로 경과하지 않았다면 마지막으로 들렀던 음식점 메뉴의 내용물이 정확히 위장에서 발견될 것이다. 소화의 진행 정도로 시체가 된 인물이 마지막 만찬을 즐긴 시각이 사망하기 몇 시간 전인지도 추정이 가능하다.

물론 내가 위의 내용물을 통해 알고 싶은 사실은 이 너구리가 죽기 한 시간 전에 어디를 돌아다녔는지가 아니다. 일반론적으로 너구리라는 동물이 시체로 발견된 현장 주변의 벌판에서 그 계절에 무엇을 먹이로 먹는지, 이 종의 식성에 관한 기초 데이터를 얻기를 기대하며 위를 절개한다.

한편 이 시체에서 DNA를 수집하면 대강 일본의 어느 부

근에서 유래한 너구리인지 간단히 추측할 수 있다. 그 자체
는 과학적으로 커다란 가치가 없으나 어떤 지방의 너구리
와 가까운 인연인지 정도는 DNA 분석으로 알 수 있다. 그러
한 분석의 첫걸음은 시체에서 근육과 간장 조직의 절편tissue
slice(조직의 박편)을 잘라내서 유전자를 회수하는 작업으로 시
작한다.

싸움의 시작

까마귀가 쪼아 먹은 죽은 살덩이의 가죽을 벗기고, 이빨을
뽑고, 위를 들여다보고, 살점을 자르고……, 이 광경의 중심
에는 시체를 온전히 수습하려는 내가 버티고 있다. 눈치 챘
을지도 모르지만 독자 여러분이 하인이고 내가 노파라 치면
아쿠다가와 류노스케芥川龍之介의 소설 『라쇼몬』*과 판박이인
무시무시한 설정과 공간배치다. 그러나 해부를 진행하는 인
간이 품는 마음은 동요와 흥분이 아니다. 나는 그저 진실 규

●「羅生門」 지진과 화재, 기근 등의 재해가 끊이지 않던 헤이안
시대 교토를 배경으로 인간의 에고이즘을 날카롭게 파헤쳤다는 평
가를 받는 작품이다. 주인집에서 해고당한 하인이 여우와 너구리,
도둑의 소굴로 폐허가 된 라쇼몬에서 송장이 된 여인의 머리카락
을 뽑고 있는 노파를 발견한다. 그가 정의감으로 노파에게 칼을 들
이대며 무슨 짓을 하느냐고 다그치자 노파는 가발을 만들 머리카
락을 뽑는 거라며 한 술 더 떠 '이 여편네는 뱀을 말려 건어물로 속
여 팔았는데, 굶어죽지 않으려면 별수 없었을 거다. 그러니 내가
머리카락을 뽑아도 너그럽게 이해할 것'이라며 자신의 행위를 정
당화한다. 증오심에 발끈한 하인은 자신도 굶어죽지 않으려고 하
는 짓이라며 노파의 옷을 강제로 벗겨 빼앗아서 달아난다—옮긴
이(이하 모든 각주는 옮긴이의 것이다).

18

명을 향한 굶주리고 목마른 욕구에 이끌려서 메스를 휘두를 뿐이다. 현실 속의 연구장면에서 죽음과 대면하는 인간이 유일하게 의지하는 것은 냉정한 과학의 눈이다. 그것은 어쩌면 『라쇼몬』의 송장 썩는 냄새 속에서 악에 빠져드는 하인의 도취감과는 완전히 대극인, 얼음보다 차갑고 냉철한 사고와 논리일지도 모른다.

핀셋으로 피부를 당기면 장력 때문에 가죽이 쉽게 찢어진다. 우리가 내려다보고 있는, 오늘의 주인공인 너구리는 신선한 시체와는 분명 다르다. 죽어서 며칠 지나면 피부 안쪽의 조직이 붕괴하고, 얼핏 별다를 것 없어 보이는 털가죽도 강도가 떨어져서 핀셋으로 당기기만 해도 갈가리 해체되어버린다. 이빨을 깎고, 위를 절개하고, 근육을 채취한들 이미 부패와의 승부에서 패배에 몰린 듯싶다. 이렇게까지 썩으면 이 너구리에게서 얻을 수 있는 정보는 대부분 잃어버려서 어쩔 수 없이 몇 가지 연구가 불가능한 상태에 빠졌음을 인정해야 한다.

문득 숨을 내쉬고 해부하던 손을 멈춘다.

그러나 여기서부터가 진짜 시작이다. 시체해부를 직업으로 하는 인간의 만족할 줄 모르는 정신력을 보여줄 때가 왔다. 썩은 살덩이나 다름없는 너구리로도 가능한 일은 산더미 같다. 바로 이때야말로 평소에 상황별로 적절한 방법을 고민하며 나를 몰아붙인 진가가 판가름 나는 순간이다.

오늘의 스타인 썩은 너구리를 '살리는' 것도 '죽이는' 것도 핀셋을 쥔 조연배우의 역량 나름이다. 냉정한 나의 눈이 드디어 시체와 싸움을 개시한다. 생기를 잃은 암갈색의 털가죽을 재차 집어든다. 장담컨대 이 핀셋 끝에는 많은 수수께끼가 숨어 있다.

만나는 장면

그런데 이 책에 등장한 영예로운 시체 1호, 그림 1을 장식한 너구리를 맨 처음 발견한 사람은 여러분도 잘 알고 있을 아키시노노미야°다. 시체 기록에는 2003년 11월 20일에 아카사카赤坂궁의 오이케大池에서 발견했다고 적혀 있다. 내가 직접 달려가서 받았는데, 처음에 궁내청 직원이 적극적으로 나서서 연결해준 덕분이었다.

발견자가 일반 시민이 아니라 해서 놀랄 것은 없다. 과학과 시체의 접점은 언제 어디서나 생겨날 수 있다. 특정할 수

● 秋篠宮 1965~, 후미히토 친왕文仁親王, 아키히토 일왕의 차남으로 가쿠슈인學習院대학 법학부 정치학과를 졸업한 뒤 재단법인 진화생물학연구소에서 가금류 연구에 종사했고, 재단법인 야마시나山階조류연구소 총재와 사단법인 일본동물원수족관협회 총재를 역임했다. 옥스퍼드대학 세인트존스칼리지St. John's College 대학원 동물학과에서 어류 분류학을 수학하고, 옥스퍼드대학 박물관과 런던 자연사박물관에서 일하기도 했다.

없는 시체라면 사전에는 발견한 사람의 신원도 모른다. 시체는 왕왕 사람과 사람 사이에 가교를 놓는다.

나는 문제의 너구리를 처음 인계받은 시점에 이미 많은 것을 발견해서 기록했다. 우선 한눈에 성별을 알았다. 이 경우는 암컷이다. 곧바로 내장을 절개하자 여러 가지 데이터가 발견되었다. 이 개체에서는 소장, 특히 십이지장의 염증이 군데군데 눈에 띈다. 출혈성으로 추측되며 사인이 아닐까 짐작될 만큼 심각한 장염이다(그림 4). 이미 언급했다시피 이빨을 보면 이 개체가 구체적으로 몇 살인지 추측할 수 있다. 위장에 남은 내용물로는 무엇을 식량으로 먹었는지를 안다. 또한 유전자를 조사하면 대강 일본의 어느 부근에서 유래했는지 추측이 가능하다. 에도시대 거리가 완성되기 전부터 너구리가 오늘날 미나토구港區에 있는 궁궐 근처에 터를 잡고 살지는 않았기 때문이다. 상당히 최근에서야 도심에 출현한 이상 어딘가에서 사람의 손으로 운반되었다가 도망쳤거나, 그게 아니면 도쿄 서부에서 걸어왔다고 생각할 수밖에 없다. 사실을 밝히려면 DNA 분석이 지름길이다.

시체를 통해 궁궐의 동물을 조사하는 우리에게 그 수수께끼를 풀게 해준 이 너구리는 무척 귀중한 자료였다. 발견한 아키시노노미야가 동물학에 흥미와 업적을 가진, 우리와 의

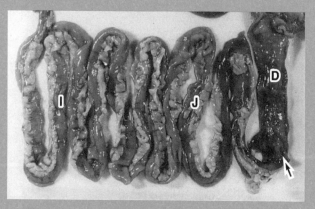

그림 4 그림 1의 너구리에서 적출한 소장이다. 십이지장(D), 빈창자(J), 회장(I)
이 보인다. 거무스름한 십이지장 영역에 심각한 출혈성 장염이 보인다(화살표).
「국립과학박물관 전문보고서」에서 수정해 옮겨 실음.

문을 논의할 수 있는 사람이어서 궁궐 조사를 진행할 때 다행이었다. 이 너구리는 골격 표본과 유전자 자료 형식으로 미래에 계승될 것이다. 도쿄 한복판을 활보하다가 마지막에는 아키시노노미야에게 발견된 요즘 시대에 자기 나름대로 기구한 운명을 밟은 이 개체는 이렇게 평온하게 영면에 들었다.

이 사례는 발견자가 특이한 점을 제외하면 시체와 나, 시체와 과학이 만나는 장면으로서는 아주 평범하다. 예를 들어 코끼리와의 대결이라든가 바다표범과의 대화처럼 거대한 상대나 다소 진귀한 동물과 접촉하는 광경을 보고 싶다면 내가 이전에 발표한 책들을 읽어도 좋다(『판다의 시체는 되살아난다』, 『해부남』). 어쨌든 이러한 접점을 통해서 시체는 과학세계의 문을 두드린다. 그리고 그곳에서는 사람과 사람의 새로운 만남이 기다리고 있다.

수량을 거론하는 데는 자신이 없지만 그동안 나는 해마다 대략 200~500구의 시체를 운반해서 연구하고 표본으로 남겼다. 물론 전신을 운반할 수 없어서 두부頭部만 얻은 것, 부패 때문에 장기를 연구현장에 남길 수 없었던 것 등 각각의 상황은 다양하다.

그리고 시체를 중심으로 어느새 사람들 사이에 강력한 유대가 형성됨을 깨닫게 된다. 시체 자체가 인류에게 많은 지식을 가져다주는 동시에, 시체가 출현한 현장에서 시체에 대한 문제의식을 갖는 사람과 그것을 수집하려고 몸부림치는 나 사이에 어느덧 강한 동반자 의식이 싹튼다.

그것은 단지 사교라는 표층적인 관계에 그치지 않는다. 세속적으로는 상당히 성가신 시체를 주고받는 인간관계이므로 서로 문제를 일으키거나 내가 폐를 끼치는 일도 적지 않다. 오히려 그래서 시체가 사람과 사람 사이에 깊은 관계를 맺어준다. 말하자면 나는 그동안 만난 시체의 수만큼 사람들과 합심했다고 할 수 있다.

최고의 열쇠

이 책에서는 시체가 독자 여러분의 왕성한 과학적 호기심을 순수하게 환기한다는 사실을 증명해보겠다. 실제로 여러분 자신이 시체를 수수께끼가 풍부하게 담긴 흥미진진한 대상으로 보게 되는 시간을 함께 만들고자 한다. 그리고 그 주연은 다름 아닌 여러분 자신의 신체다. 우리가 시체를 통해 해명할 사실의 상당 부분이 여러분 신체의 역사에 직결되기도 하는 문제이기 때문이다.

만약 자신의 귀가 옛날 동물의 몸에서는 턱 부위였다고 하면 독자의 상당수는 무슨 소린지 의아해할 것이다. 발바닥의 움푹 팬 부분이 지난 500만 년 동안 원숭이류의 역사를 말하는 찬란한 훈장이라는 사실을 아실는지. 여성 독자라면 매달 찾아오는 생리가 우리 호모사피엔스의, 유례가 드문 생존 전략의 귀결이라는 말을 들은 적이 있으신지. 쉬지 않고 톡톡 뛰는 심장이 5억 년도 훨씬 전에는 우렁쉥이의 '체강상피體腔上皮'였다는 소리를 들으면 어리둥절해할지도 모른다.

그러한 인간의 역사를 알아내기 위한 기법으로서 우리는 시체에 많이 의존한다. 남몰래 연구되어온 동물들의 시체가, 실은 우리 신체의 역사를 찾는 수단이었던 것이다. 이 책이 1장부터 말하는 많은 사실은 무수한 시체가 있었기에 밝혀진 여러분 자신의 이력이다.

시체가 가능케 하는 학문적 방법을 과학이 얼마나 진지한 생각으로 구축하는지, 지식을 위한 시체 주변 사람들과의 연결을 과학이 얼마나 소중히 여기는지 어렴풋이 보일 것이다. 그리고 또 다른 사실은 그 시체가 다름 아닌 우리 신체의 역사를 알 수 있는 최고의 열쇠라는 점이다.

01

신체의 설계도

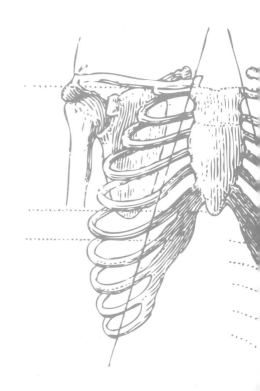

어깨뼈의 이력

시체를 보면 인체의 역사가 보인다는 이치를 「시작하며」에서 말했다. 여기서 역사를 설명하는 길잡이로서 신체의 '설계'라는 발상을 제시하고자 한다. 때로는 '설계도'라고 표현하기도 하며, 특히 새로운 동물인 인간에 관해 설명할 때는 조상에 대한 '설계변경'이라는 말을 쓰곤 한다. 그 진의는 추적하면 알게 될 테니 지금은 걱정 없이 읽기 바란다.

신체의 설계라고 하면 모종의 목적으로 규정된 일정한 형태라는 느낌을 받을지도 모르겠다. 고층빌딩이나 신형 여객기의 설계처럼 면밀하게 계획한, 양보할 수 없는 도면이라는 느낌이 들지 않는가. 그런데 동물의 설계를 말할 때는 십중팔구는 그렇게 엄격한 의미로 생각지 않을 것이다.

아니, 훨씬 엉성하다고 생각해도 된다. 정말로 형태가 일정치 않아도, 동물의 신체구조가 특정한 개념 위에 만들어졌다면 그 구조는 기본적인 설계 아래 이루어졌다고 여긴다는 것이다. 실제 사례로 출발하겠다.

설계라는 이야기를 열어줄 영광의 첫 번째 대상은 프라이드치킨이다. 맛있는 닭고기를 먹어가며 특정한 뼈를 찾아보기 바란다. 브랜드를 잘 몰라서 콕 집어 말할 수는 없지만, 아마 흰 수염이 난 할아버지가 서 있는 그 체인점의 치킨 조각에서도 찾을 수 있을 것이다.

아니, 어쩌면 굳이 프라이드치킨이 아니어도 될 것이다. 튀겼는지 구웠는지는 문제가 아니다. 재료가 닭일 필요도 없다. 새고기를 먹을 기회가 생기면 목적은 달성된다. 어린아이가 있으면 다리를 먹느냐 가슴살을 먹느냐로 쟁탈전을 벌일 테니 넓적다리를 이용해도 괜찮다. 하여간 지금은 팔과 가슴 주변의 조각을 하나 골라서 뜯어먹으며 함께 동물의 위대한 설계도에 관해 생각해보자. 이야기는 반드시 여러분의 어깨로 돌아오리라는 것을 머릿속 한편에 기억해두기 바란다.

새의 가슴을 바로 옆에서 보면 큰 가슴살이 보인다(그림 5). 치킨 조각이 작아서 실감 나지 않으면 좀더 원형이 보존된, 조리하기 전의 흉부를 닭고기 판매점에서 보여달라고 하자. 맨 처음 보이는 엄청나게 거대한 근육을 전문용어로 천흉근淺胸筋*이라고 한다. 글자 그대로 가슴 중 얕은 위치에 있는 근육이다. 긍지 높은 닭도 잘게 조각내서 마트에서 판매할 때

● **superficial thoracic muscles**   조류의 가장 큰 근육으로 흉골과 거대 포유동물의 뼈 화석인 용골龍骨에 붙어 있다.

그림 5 닭의 피부를 벗기고 왼쪽부터 흉부를 살펴보니 거대한 천흉근(화살표 참조, 식재료로 판매하는 가슴살이다)만 눈에 띈다. 이 근육의 뒤쪽에 닭의 어깨에서 팔로 이어지는 설계가 숨어 있다. 참고로 이 닭은 일본에서 육용으로 키운 샤모軍鷄(투계의 한 품종―옮긴이)다.

는 천흉근을 '가슴살'로 표시한다.

커터칼이 있으면 이 천흉근을 새의 몸통에서 깔끔하게 분리할 수 있다. 체중 3킬로그램 정도의 닭이면 육용으로 개량하거나 사육하지 않았어도 천흉근의 중량이 양쪽 합쳐서 300그램 정도까지 발달한다. 여러분의 체중이 50킬로그램이라면 5킬로그램짜리 고깃덩이가 신체에 붙어 있는 셈이므로 체중에 비하면 대단히 큰 근육이다.

그 거대한 천흉근을 벗기면 그것이 보호하듯이 감싸고 있는 새다운 조직이 모습을 드러낸다. 가장 두드러진 것은 아름다운 분홍색 근육이다(그림 6). 윤기가 자르르한 이 덩어리는 정육점에서도 본 기억이 있을 것이다. 그렇다, '안심'이다. 지방이 적고 단가가 꽤 높은 근육이다. 천흉근으로 덮여 있던 안심 근육의 정확한 명칭은 심흉근深胸筋, deep thoracic muscles이다. 보통 3킬로그램짜리 닭에는 좌우 합쳐 약 120그램 정도의 심흉근이 있다.

상상이 가겠지만 심흉근과 천흉근은 새가 날기 위한 진화의 결과다. 두 흉근은 흉골이라는 커다란 가슴뼈 덩어리와 팔뼈 사이를 연결한다. 천흉근이 팔, 다시 말해 날개를 내리고 심흉근은 그것을 치켜드는 역할을 담당한다. 하늘의 지배자라는 새의 정체성은 이 두 흉근으로 날개를 움직여 비상함

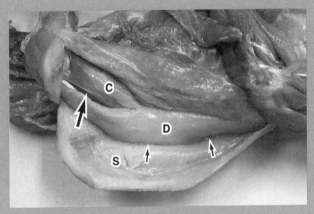

그림 6 거대한 천흉근(S)을 벗기면 심흉근(D, 안심살)과 큰 흉골(작은 화살표의 안쪽)에 접근한다. 프라이드치킨을 먹다가 희고 말랑말랑한 먹기 힘든 연골이 보이면 이 부분이라고 생각하라. 그리고 그 가슴살 뒤쪽으로 얼추 길이 5센티미터 정도의 다른 근육이 보일 것이다. 이것이 오훼완근烏喙腕筋(C)이다. 그 가장자리는 최대 문제인 오훼골烏喙骨이다. 왼쪽의 큰 화살표 끝에 오훼골이 살짝 비친다. 이 닭은 흔한 난육卵肉 겸용 품종인 로드아일랜드 레드Rhode Island Red다.

으로써 달성되는 것이다. 물론 여러분의 위장에 들어가는 식육용 닭은 큰 흉근을 갖고 있어도 날 줄을 모르며, 애처롭게도 땅 위에 서서 홰치는 게 고작인 신세지만.

여기서 주목할 점은 지금 여러분이 입에 물고 있는 그 흉근 영역이 새의 몸통과 팔을 연결하고 거기에 힘을 주는 동력이라는 점이다. 이 자체는 짐승이나 사람이나 비슷하다고 할 수 있다. 포유류도 어깨를 통해 몸통과 팔을 연결하기 때문에 그 설계에는 새와 크게 공통된 점이 있다. 여러분이 팔을 크게 수평으로 벌렸다가 몸통 앞에서 오므리는 동작은 새의 날갯짓과 마찬가지로 근육을 이용한 운동이다.

어깨에 숨겨진 농간

그런데 가슴살의 배면°에 별로 화제가 되지 않는 작은 살덩어리가 보일 것이다(그림 6). 이것이 오훼완근°°이라는 근육이다. 흉근과 별도로 존재하는 날개의 동력원 중 하나다. 그리고 앞의 그림 6에 화살표로 표시했듯이 몸통(동체)의 측면

° 背面, dorsal side   어류든 사족동물四足動物이든 등뼈 위쪽의 근육질 영역을 등이라고 하나, 경계가 모호하다. 배 또는 복부로서 분화한 부분이 있든 없든 동물체가 지면과 수평으로 향해 있을 때를 기준으로 윗면을 등 또는 배면이라고 하고, 아랫면을 배 또는 복면腹面, ventral side이라고 한다. 일반적으로 배면에는 촉수와 각종 감각기관, 껍데기와 등딱지 등이 있고 복면에는 다리 등의 근육이 발달하며 입과 항문이 있다.

°° coracobrachial muscle   원문에는 '外鳥口腕筋'으로 되어 있으나 우리나라에서 일반적으로 통용되는 '烏喙腕筋'으로 옮겼다.

34

에서 이 오훼완근의 근육이 시작되는 부분에 상당히 큰 뼈가 떡하니 자리 잡고 있다. 이 뼈가 이번 이야기의 주인공인 오훼골*이다(이 분야에 정통한 독자는 단지 오훼골이라고만 하면 주위에 있는 다른 뼈를 가리킬 수도 있음을 눈치 챌 텐데, 지금부터 하는 이야기는 엄밀하게는 모두 전오훼골前烏喙骨을 가리킨다고 생각하라). 그리고 전문용어가 두세 개 정도 더 등장할 텐데 모쪼록 기호인 셈치고 참아주기 바란다.

여러분의 프라이드치킨에는 아직 오훼완근이 남아 있을까? 이미 고기를 뜯어먹었더라도 아랑곳하지 말고 오훼골을 찾아보자. 제아무리 대식가라도 오훼골을 씹어 먹지는 않으니 반드시 남아 있을 것이다. 조리하기 전에 발라냈다면 얘기가 다르지만.

문제의 오훼골을 더 제대로 알아볼 수 있도록 닭의 전신골격을 측면에서 살펴보자(그림 7).

오훼골은 새의 흉부 측면에 찰싹 붙어 있다. 약간 눈치가 빠른 사람이라면 '혹시 이게 내 어깨뼈야?'라고 생각할 것이다. 물론 몸통 쪽에 더 가까운 팔뼈이므로 관절의 순서만 봐서는 사람의 어깨뼈, 즉 견갑골에 해당하겠다고 생각할 수도

● coracoid 사족동물의 팔이음뼈를 구성하는 뼈의 하나로 오구골烏口骨, 오탁골烏啄骨 혹은 오훼돌기, 부리돌기라고도 한다. 쇄골 아래쪽에 있으며 바깥쪽은 상완골上腕骨(견갑골), 안쪽은 흉골과 연결되어 있다. 양서류·파충류·조류의 몸에서는 발달했지만 포유류의 경우에는 퇴화해 견갑골 윗가장자리의 돌기로 남아 있다.

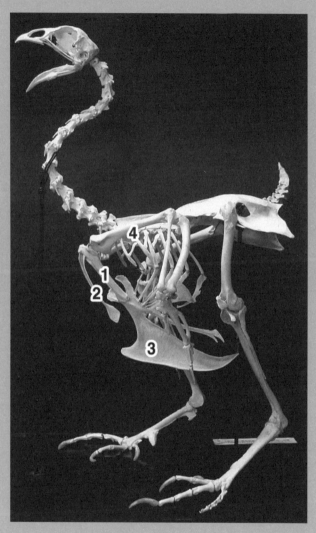

그림 7 닭의 골격표본을 좌측 면에서 본 것으로 각각 오훼골(1), 쇄골(2), 흉골 (3), 상완골(4)이다. 이 각도에서 견갑골은 잘 보이지 않는다(오비히로帶廣축산 대학 가축해부학 교실 사사키 모토키佐々木基樹 박사 촬영).

있을 것이다.

비교하기 편하도록 사람의 뼈 사진을 함께 실었다(그림 8). 사람의 단면형상cross-sectional shape은 닭이나 다른 새 혹은 다른 포유류에 비해 몸통이 등과 배 쪽에서 납작하게 눌린 듯하다. 따라서 가슴 영역의 측면에 있는 뼈가 약간 등 쪽으로 어긋났다고 생각하면 두 형태의 디자인 간에 그럭저럭 연관성이 보이기도 한다.

그러나 닭의 '오훼골'과 사람의 '견갑골'은 위치는 비슷해도 이름이 다르지 않은가.

전적으로 옳다. 실은 닭에게도 어엿한 견갑골이 따로 존재한다(그림 9). 이쑤시개처럼 몹시도 연약해 보이는 존재지만 오훼골보다 등 쪽에, 견갑골이라는 이름에 부끄럽지 않은 장소에 빼꼼히 얼굴을 내밀고 있다. 이것이 닭의 견갑골이다. 그러나 훌륭한 삼각형 모양을 한 사람의 견갑골과는 전혀 닮지 않았다. 진화의 신은 대체 닭의 어깨에 무슨 농간을 부린 것일까?

태곳적 어깨의 기본 설계

오훼골과 견갑골, 이러한 뼈를 전문적으로는 전지대fore limb girdle라는 집단으로 분류한다. 용어는 생소하지만 어려운 것

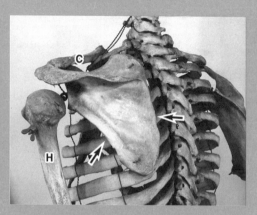

그림 8 사람의 흉부를 등 쪽에서 보았다. 견갑골(화살표)이 몸통에 달라붙어 있다. 견갑골은 앞서 본 그림 속 새의 오훼골과 비슷해서 상완골과 더불어 관절을 만들며 팔을 흉부와 잇는 역할을 한다. C는 쇄골, H는 상완골이다. 사진은 원래 오른쪽 견갑골을 촬영한 것이지만 닭의 그림과 방향을 맞추기 위해 좌우를 뒤집어서 게재했다(국립과학박물관 소장 표본).

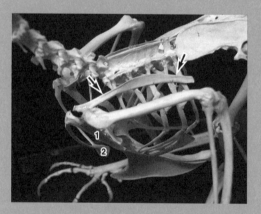

그림 9 그림 7의 닭 뼈에 약간 등 쪽의 각도에서 다가가 보았다. 상당히 앞쪽에 가느다란 견갑골(화살표)이 처량하게 존재한다. 1은 오훼골, 2는 쇄골이며 모두 전지대前肢帶를 이루는 뼈들이다(오비히로축산대학 가축해부학 교실 사사키 모토키 박사 촬영).

을 가리키는 말은 아니다. 일반적으로 몸통과 팔뼈, 즉 상완 골humerus(위팔뼈)을 연결하는 장치, 그 뼈와 영역을 전지대 라고 부른다. 사람의 팔은 앞발이라고 부르지 않으므로 상지 대上肢帶, shoulder girdle, 다리의 경우 하지대pelvic girdle(다리이음뼈)라는 용어를 쓴다. 그러나 여기서는 사람만 지칭하는 것 이 아니므로 통칭해 전지대라고 불러도 양해해주기 바란다. 아울러 뒷다리의 경우는 마찬가지로 후지대라고 한다. 후지 대의 주역은 허리 부근의 뼈로, 대표적인 것이 골반이다.

이제 설계의 관점에서 전지대를 생각해보자. 전지대는 팔 을 동체에 연결하는 역할을 하므로 그러기 위한 기본적인 설 계를 갖추고 있다. 여기서 논의의 대상이 되는 가장 오래된 사례는 2장에서 설명할 우리의 조상 뻘인 척추동물이다. 이 들은 약 3억 7,000만 년 전에 처음 땅 위를 걸어다녔다. 그러 나 너무 급하게 거기까지 거슬러 올라가지 않아도 된다. 새 와 주변 동물로도 충분하다.

골격표본에서도 볼 수 있듯이 분명 닭에게는 설계 단계부 터 팔을 몸통에 연결하는 역할을 하는 적어도 두 가지의 뼈 (오훼골과 견갑골)가 마련되어 있었다(앞의 그림 7, 그림 9 참조). 오훼골은 등 근처에서 상완골과 관절을 이루고, 복부 근처에 서는 흉골과 관절을 이루는 연결기다. 한편 견갑골은 상완골과 연결된 동시에 연약하긴 하지만 근육으로 가슴의 측면에 부착되어 있다.

이 두 개의 뼈를 이용해 팔을 몸통에 연결하는 것이 조류는 물론이고 파충류의 경우에도 매우 일반적이다. 파충류 전체를 훑어보면 사지가 없는 뱀들이야 논외겠지만 모두 훌륭한 오훼골과 견갑골을 이용해 팔을 몸통에 연결해왔다. 그리고 그 오훼골에서는 오훼완근에 해당하는 근육을 펴는 것이 팔을 움직이는 동력이 된다. 이것이 파충류 단계에서 충분히 확립된 설계이자 설계도다. 기본 설계의 역사가 깊다는 사실을 깨달을 수 있을 것이다. 사소한 얘기를 더해보자면 파충류의 몸에서는 오훼골과 견갑골 이외에도 여러 개의 뼈가 전지대를 구성하고 있는데, 역시 피곤할 테니 여기까지만 하겠다.

설계도의 변경

신문에도 이따금 실려서 아는 분이 계실지 모르지만 조류는 파충류, 그중에서도 특히 공룡류와 같은 집단이라 해도 무방한 존재다. 초등학교, 중학교 과학 수업에서는 조류라는 집단이 확립되어 있는 것처럼 가르치며, 그 자체는 척추동물의 분류를 가르치기 위한 수단으로서 일리가 있다. 그러나 진화의 역사적 사실을 논리적으로 들춰보면 이미 조류를 공룡의 종류에서 빼고 생각할 수가 없다. 즉 여러분이 지금 먹고 있는 프라이드치킨은 바로 아주 먼 옛날 지구의 지배자였던 그 공룡의 후예다.

그러니까 프라이드치킨의 오훼골과 견갑골도 어엿한 파충류, 그중에서도 공룡류의 설계를 끌어다 붙인 결과로 지금의 형태가 남아 있는 것이다. 그리고 주목할 것은 훌륭한 오훼골과 연약한 견갑골의 '힘 관계'다.

대강 일괄해서 말하면 다른 파충류처럼 공룡류 역시 오훼골과 견갑골을 함께 조화롭게 이용해 팔을 몸통에 연결해왔다. 하지만 조류로 진화함에 따라 비상하는 능력을 향상하는 과정에서는 견갑골보다도 오훼골의 비중을 더 높였다. 전지대를 이루는 뼈 두 가지 중 오훼골에 훨씬 큰 역할을 부여한 것이 조류 진화의 기본적인 설계도다. 요컨대 새는 팔을 동체에 연결하는 역할을 전적으로 오훼골에 일임하는 것으로 설계도를 변경한 것이다. 아마도 격렬한 운동과 동시에 경량화가 필요했던 어깨구조가 두 다리로 선 뒤 오훼골 위주로 단순화했기 때문이었으리라고 미루어 짐작하게 한다. 여러분이 집어먹을 프라이드치킨은 그러한 역사에 나타난 신체 설계를 당당한 오훼골과 오훼완근(부리위팔근)의 형태로, 거꾸로 말하면 잔뜩 주눅이 든 연약한 견갑골의 형태로 알려준다.

한편 사람의 전지대는 어떻게 이루어져 있을까? 오훼골은 아무리 찾아도 발견되지 않는다. 그러나 견갑골은 있다. 효자손으로 등을 긁으려고 하면 걸리는 그 뼈 덩어리다.

이 위치에서 위팔上腕(어깨에서 팔꿈치까지의 부분)과 몸통을 연결하는 눈에 띄게 큰 장치가 견갑골이다(앞의 그림 8 참조). 사람의 경우 견갑골이 위팔뼈上腕骨, humerus와 관절을 만들고, 그 끝에 끼어 있는 쇄골(빗장뼈)이 견갑골을 동체의 가슴 부분, 이른바 흉골과 연결한다. 단, 쇄골의 존재 이전에 등과 가슴과 목과 머리에서 뻗은 많은 근육이 동체에 붙어 있으므로 팔은 근육만으로도 견갑골을 통해 제법 튼튼하게 몸통에 연결된다.

운명이 가른 설계변경

여기서 다시 한번 설계라는 형식으로 사람의 어깨에 무슨 일이 일어났는지 생각해보자. 옛날 척추동물의 전지대에는 오훼골과 견갑골 두 가지가 빠짐없이 갖춰져 있었을 것이다. 그런데 겉보기로 지금 사람에게 남아 있는 것은 견갑골뿐이다. 닭의 전지대 뼈(앞의 그림 9 참조)를 보면서 견갑골의 중요성이 낮아지고 오훼골이 전지대의 주된 요소가 되었다고 이

42

야기했다. 그렇다면 사람에게는 조류에 생겼던 것과 정반대의 일이 일어났을 것이다. 미루어 짐작하건대 영장류는 팔을 동체에 연결하는 장치로 두 가지 뼈 중 견갑골을 채택했고, 오훼골은 모습이 완전히 사라질 때까지 퇴화하도록 내버려둔 듯하다.

전지대에는 예전부터 전해지는 설계도가 있다. 닭도 사람도 그 설계도를 무작정 건네받은 후세의 생물이다. 그리고 닭은 오훼골을, 사람은 견갑골을 조상의 전지대 중 주연배우로 크게 발탁한 것이다. 어떤 의미에서는 이를 오래된 설계도를 바탕으로 한 설계변경이라고 부를 수 있다. 전지대의 원래 설계가 꽤 정확했기 때문에 부분적인 소규모 외형변경을 거치며 새로운 동물이 탄생한다. 물론 진화는 돌연변이와 자연도태가 축적된 산물이지만 종은 형태의 설계도를 벗어날 수 없는 운명이다. 그 운명이 가른 설계변경의 차이가 닭과 사람의 어깨 형태를 이토록 뚜렷하게 갈라놓은 것이다.

아울러 사람의 정체는 포유류다. 예전에는 포유류가 파충류 무리에서 발생했고 공룡과 새가 그야말로 전혀 다른 역사를 밟아왔다고 여겼다. 뒷부분은 옳은 이야기다. 그러나 지금은 포유류를 낳았다고 여겼던 파충류의 계통진화系統進化, phyletic evolution에 관한 생각이 크게 바뀌어 포유류는 파충류를 거치지 않고 근원적으로는 양서류Amphibia에서 직접 발생했다는 주장을 타당하게 여긴다. 양서류 같은 척추동물에서 닭으로 가는 파충류 계통과 사람에 이르는 포유류 계통이 까마득한 옛날에 전혀 다른 진화의 길을 걷기 시작했다는 주장은 사실인 듯하다. 아울러 어지간히 오래된 유형의 포유류가 아닌 한, 견갑골 위주로 단순화되고 오훼골이 소멸된 상황은 우리 사람만이 아니라 포유류 전체에 보편적으로 확립된 설계도다.

조류와 포유류, 양자가 다른 길을 걷게 된 정확한 시기는 불분명하지만 얼추 3억 년 전, 고생대 석탄기로 보인다. 그런 옛날에 갈라진 양자가 한쪽은 오훼골로, 다른 쪽은 견갑골로 앞다리를 움직이는 결과에 이르렀으니 진화란 인내심을 요하는 일이다.

말이 나온 김에 덧붙이면 재미있게도 다른 부위를 선택한 양쪽 모두가 각자의 선택에 상응하는 성공을 이루었다. 오훼골을 중시한 파충류에게 진정한 번영의 시대는 중생대, 즉 지금부터 6,500만 년 이상 거슬러 올라간 공룡시대라고 할 수 있을지 모른다. 그러나 결국 공룡은 새가 되어 드넓은 하늘을 날아다니는 오늘날의 성공자이기도 하다. 한편 포유류는 6,500만 년 전 이후로 지구의 지배자로서 군림하게 된다.

하기야 우리 인간으로 제한하면 호모사피엔스도 대충 15만 년, 원인猿人까지 거슬러 올라갔댔자 500만 년 정도이니 그야 말로 최근 이력서가 전부지만.

어깨에 숨은 두 가지 뼈의 이력, 양쪽 계보도 모두 각자 나름대로 잘 완성된 어깨를 낳았다고 할 수 있다. 진화의 분기점을 이기느냐 지느냐 하는 양자택일로 생각해서는 결코 안 된다. 어딘가에서 운명이 갈린 쌍방이 저마다의 생존방식으로 너끈히 성공하는 역사는 허다하다.

방황하는 쇄골

그런데 오훼골과 견갑골의 설계를 처음 접하는 독자에게 몹시 혼란을 초래할 터라 살짝 언급하고 말았던, 전지대 역할을 하는 또 다른 뼈로 쇄골이 있다. 만약을 위해 마지막으로 잠깐만 쇄골에 관한 재미있는 이야기를 하겠다.

실제로 새(앞의 그림 7 참조)에게나 포유류에게나 쇄골은 엄연히 존재하며, 이는 각각 오훼골과 견갑골을 흉골에, 다시 말해 동체의 일부에 연결하는 작용을 한다. 여러분도 목 아래 앞부분의 양쪽에 있는 자신의 빗장뼈가 쉽게 만져질 것이다.

닭도, 여러분도 각자 나름대로 쇄골이 발달했으므로 길게 설명할 필요는 없을 것 같다. 그런데 혹시 집에서 키우는 개가 있는가? 만일 사랑하는 강아지가 가까이에 있다면 암컷이든 수컷이든 개에게는 쇄골이 존재하지 않는다는 사실을 알아두면 좋을 것이다. 사실 이 또한 개과Canidae의 동물에게 일어난 하나의 설계변경이라고 할 수 있다. 그렇게 개는 전지대의 부위들 중 쇄골을 불필요한 부품으로 여겨 없애버렸다.

강아지의 비위를 맞추면서 잠깐 시험해보자. 10킬로그램 이상 나가는 큰 개일수록 알기 쉬울 텐데 목덜미를 따라 만지다 보면 앞발 바로 앞에서 피부 밑으로 움직이는 도돌도돌한 덩어리를 만날 것이다. 설명을 들어도 긴가민가한 살갗 아래 이 도돌도돌한 덩어리의 정체는 쇄골나눔힘줄clavicular intersection이라는 쇄골의 흔적이다. 하지만 이미 쇄골 본연의 모습은 온데간데없고 단지 머리에서 팔로 뻗은 긴 근육 안에 생긴 섬유와 연골로 이루어진 작은 덩어리다. 그러나 이것이야말로 개의 역사에서 궁지에 몰렸던 쇄골의 단말마적 외침이라고 할 수 있다.

신체의 역사를 알고자 할 때 가장 중요한 정보는 왕왕 이렇게 눈에 띄지 않는 곳에 숨어 있다. 그리고 이러한 정보는 많은 시체를 다뤄야 비로소 발견되는 과학적인 사실이다.

심장의 역사

심장의 옛 형태

나도 한때는 사랑을 했다. 아니 남자든 여자든 죽는 순간까지 평생 사랑 때문에 마음을 졸이는 법이라며 인생에 대해 조금이나마 밝게 생각하려고 한다. 이 절의 주제는 그 흔들리는 마음, 심장이다.

심장의 가장 오래된 형태의 하나로 먼저 등장하는 것은 창고기Branchiostoma belcherii다(그림 10). 창고기는 계통분류학적으로는 원삭동물˙의 두삭동물아문˙˙이라는 집단에 속한다. 활유어蛞蝓魚라고도 하는데 이름에 고기 어魚 자가 붙었어도 어류와는 다르며, 물고기보다 훨씬 원시적인 동물이

그림 10 창고기를 액침immersion한 표본. 약 5센티미터 길이의 몸 복면(화살표)에 원시적인 '심장'이 산재한다(국립과학박물관 소장 표본).

● 原索動物, Protochordates 어릴 적에는 척삭이 있으나 척추골이 없고, 관 모양의 중추신경과 아가미주머니를 둘러싼 위새강peribranchial cavity이 있는 동물. 미삭아문尾索亞門(멍게류·탈리아류)과 두삭아문頭索亞門(창고기류)으로 분류된다. 혈색소·혈구는 없으며 배설계가 없거나 원신관protonephridium이 있기도 하다.

●● 頭索動物亞門, Cephalochordata 일생 동안 척삭을 갖고 머리와 몸뚱이를 구별할 수 없으며 동체는 납작하다. 암수딴몸이며 유성생식을 한다. 적혈구는 없으나 폐쇄순환계를 가지며 용해된 산소와 이산화탄소가 얇은 표피층을 통해서 온몸에 퍼진다. 배설기는 원시적이고 심장이 없으며 체표에 섬모가 나 있다.

다. 예로부터 일본에서는 비교적 따뜻한 바다에서 자주 발견되었으나 해양 오염과 개발로 자취를 감춘 지역도 드물지 않다. 이웃나라 중국에서는 이 동물을 조려 먹기도 하는 모양이다. 아시아인의 식욕은 아무도 못 말린다지만, 창고기의 생김새를 보면 크기로나 굵기로나 영락없이 조림용으로 즐겨 찾을 만한 생선이다.

창고기는 아득히 먼 우리 조상의 모습과 흡사하다. 상당히 가까운 종류의 화석이 캐나다 서부의 버제스Burgess라는 곳에서 발견되었다. 그 이름은 피카이아.[•] 5억 년도 훨씬 전인 캄브리아기(고생대 초기, 대표적으로 삼엽충이 이 시기의 생물이다)의 동물이 대규모로 발견된 이 장소에서 피카이아는 태연히 존재를 드러낸다. 다행히도 근육의 배열방법에 관한 정보가 화석에 남아 있어서, 피카이아가 창고기와 가까운 종류로 이 시대에 출현해 이후의 척추동물로 발전하기 전 단계를 걸었다는 사실이 증명되었다.

창고기는 예쁜 좌우대칭의 동물로 아직 척추는 없지만 척삭脊索, notochord이라는 체축을 갖추고 있다. 이 단계의 동물치고는 상당히 세련된 신경계와 호흡기, 배설기를 가졌으며,

---

● **Pikaia**　고생대 척추동물의 하나로 캄브리아기 척삭동물의 아이콘 격이다. 몸길이는 3~4센티미터 정도이며 지렁이처럼 생겼다. 머리가 작고 머리끝에는 가는 촉수 한 쌍이 달려 있다. 등을 따라 머리에서 꼬리로 뻗은 척삭에는 지그재그 형태의 근절이 붙어 있고 소화관의 앞부분은 볼록한 렌즈형이며 끝에는 항문이 있다.

이른바 척추동물류 전부에 미치는 기본적인 설계도에 해당하는 존재라고 생각할 수 있다. 그 설계도 중에서 지금 주목해야 할 것은 그들의 순환계, 특히 심장이다.

창고기류는 우리 인간으로 이어지는 확실한 혈관계를 갖춘 가장 오래된 동물로 여겨왔다. 그들은 이런 모습일지언정 제대로 산소와 영양을 신체의 구석구석까지 운반하고 반대로 노폐물을 회수하는 혈액순환 경로를 갖고 있다. 혈관벽의 조직이나 혈관 안을 흐르는 혈액의 세포는 아직 원시적이고 빈약하지만, 그래도 그럴싸한 피의 순환 경로를 가졌다는 사실만으로 진화의 역사에서는 획기적이다. 혈관이 존재한다는 사실 하나만 해도 척추를 가진 이른바 척추동물의 기본 설계가 창고기 단계에서 작성되었다고 할 수 있다.

그런데 문제는 이 동물의 심장이다. 이 동물에게는 우리와 기타 여러 동물에서 발견되는 심장다운 심장이 없다. 그러나 혈액을 순환시키는 동력원은 분명 갖추고 있다. 그것은 이 동물의 측면으로 나 있는 아가미의 복면을 따라 혈액의 경로에 자리 잡고 있다. 광범위한 혈관벽에 심장 근육의 세포가 산재하는, 도무지 심장답지 않은 심장의 원형이다. 널리 흩어져 있는 세포가 스스로 수축하면서, 얼마나 유용할지는 몰라도 혈액의 경로를 수축시키므로 약한 펌프로서는 작동한다.

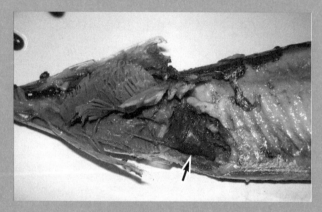

그림 11 오늘 저녁 반찬인 꽁치다. 문제는 아가미뚜껑 뒤의 복면이다. 이 부위를 열면 곧바로 심장이 보인다(화살표). 장난삼아 식탁 위의 출연자를 그림의 소재로 투입했다고는 하나 많은 독자에게 구운 꽁치의 '해체'는 일상적으로 진화를 생각하게 하는 결코 흔치 않은 기회 중 하나일 것이다. 물론 이 꽁치는 촬영 후 내 위장으로 들어갔다.

아무래도 원래 우리 척추동물은 아가미 뒤쪽의 배 근처에 심장이 뿔뿔이 흩어져 산재하는 설계도를 그렸던 모양이다. 물론 이래서는 이후의 고도로 발달한 생활을 하기에는 심히 부족했을 것이다. 다음 척추동물은 넓은 의미에서의 어류인데, 그 단계에서는 이미 제대로 된 심장이 확립된다.

물고기의 심장을 확인하는 데는 메스가 필요 없다. 저녁식사 때 나온 반찬을 등장시켜보자(그림 11). 구웠어도 상관없으니 구운 생선의 아가미 뒤쪽 복면을 젓가락으로 찔러보라. 약간 검붉은 삼각뿔 모양의 단단한 장기가 얼굴을 내민다. 정확한 의미에서는 이것이 최초의 기본적인 심장이다. 그러나 중요한 사실은 창고기의, 아가미 뒤쪽에 심장이 있는 상태와 위치적 개념상으로는 하등 변함이 없다는 것이다. 고지식하게 창고기가 그린 기본 설계를 전면적으로 빌려서 펌프 역할에만 전념할 심장구조를 개발한 것이 어류가 이룬 설계 변경이라고 할 수 있다.

껍질 한 장이었던 심장

창고기가 나와서 말인데, 이런 게 신체 설계와 무슨 상관이 있느냐며 내팽개친다면 경솔한 생각이다. 창고기가 자신의 아가미 뒤에 뿌렸던 심장의 씨는 엄연히 장구한 역사를 거치며 지금 여러분의 가슴에서 두근거리는 그 심장으로 멋지게 계승된다.

의심이 많은 사람이면 더 오래된 심장은 없냐고 반문할 것이다. 기본 설계라고 부르기는 좀 어렵지만 실은 한 단계 더 오래된 심장이 있다. 바로 우렁쉥이, 친숙한 이름으로는 멍게의 심장이다.

우렁쉥이 또한 원삭동물의 일종이다. 이 우렁쉥이에게도 '심장'이 있다. 다만 어떤 의미에서는 창고기의 심장 이상으로 심장이라고 부르기가 힘들다. 우렁쉥이는 혈관계가 없다. 우렁쉥이의 심장은 그저 빠끔빠끔 벌어지며 무작정 체액을 체내로 보낸다. 더욱이 두 경우 모두 흐름의 방향이 일정치 않다. 남자의 마음 같은 이 심장은 수축하는 방향을 변덕스레 바꾸며 체액을 마구 흔들어댄다.

이 멍게의 심장, 그 실체는 멍게 체내에 비어 있는 곳의 벽이 쑥쑥 분화해 근육세포로 바뀐 것이다. 전문용어로 체강상피coelomic epithelium라고 부르는 껍질이다. 용어는 아무래도 상관없지만 이것이 심장의 초기 설계도라고 해도 무방하다. 우렁쉥이의 경우 혈액의 경로는 없어도 체액을 여기저기로 계속 이동시키면 대사를 위한 물질의 이동에는 편리하다. 결국은 심장이 없는 상태에서 체내 물질을 이동시키기 위해 궁리한 고육지책이 이 체강상피를 펌프로 바꾸는 작전이었음이 분명하다.

그러나 그 상피는 오랜 세월을 거쳐서 꿈 많은 여러분의 심장으로까지 진화한다. 실제로 우리 자신도 수정란에서 태아가 되어가는 아주 초기 단계에 이 체강상피의 세포로 심장을 완성한다는 사실이 알려져 있다. 아버지가 저녁에 반주할 때 드시는 안주, 혹은 싸구려 특수효과로 만든 우주생물을 상기시키는 멍게의 체강상피가 지구상 모든 척추동물의 첫 번째 심장 설계도라고도 할 수 있다.

창피한 일을 밝히자면 내가 박사학위를 받을 때 선택한 것이 이 체강상피와 심장의 관계를 척추동물의 역사를 활용해 살펴보는 엄청나게 한가한 주제였다. 구체적으로는 각 진화 단계의 동물들을 잡아서 체강상피 주변을 도려내고 그것이 심장이 되는 게 맞는지를 시각화해서 확인하는 대단히 여유로운 작업이었다.

진정으로 도량이 넓은 초일류 동물발생학 연구실이라면 모를까, 이 작업을 흔한 수의학 기초강좌에서 시작했으니 주위에서 무척 이상한 광경이 벌어졌다(졸저, 『비교해부학은 지금』 참조). 생각해보라, 해부학에 관심이 없는 젊은이가 늘고 시체를 분자생물학 장비로 교체하는 시대에 책상 위에 18세기

고전을 산더미처럼 펼쳐놓고 실험실에서 칠성장어와 상어를 해체하던 나는 당시의 지도교수에게는 웃으며 바라볼 수밖에 없는 존재였으리라. 평범한 교수라면 냉큼 나를 내쫓았을 것이다. 나와 시체해부의 접점이 넓어진 것은 천만다행으로 그 무렵 수의학 세계에서 탁월한 신뢰로 나를 믿고 내버려둬 준 지도교수를 만난 덕분이었을지도 모른다.

기계 설계도와의 차이

지금까지 설계라는 발상을 두 가지 예로 나타냈다. 때로는 약간 귀에 선 단어가 나왔을지도 모르지만 내용은 충분히 이해했으리라 믿는다.

동물은 기본적 설계를 가진 조상이 있다. 그리고 다음 단계로 나아가 새로운 동물을 창조하는 유일한 길은 그 조상의 설계도를 빌려서 변경하는 방법뿐이다. 따라서 새로운 설계도는 어차피 조상의 설계도 어딘가를 지우개로 지우고 간단히 만들 수 있는 뭔가를 첨가하는 방법으로밖에 실현할 수 없다. 이는 인간이 만드는 기계와 극명한 대조를 이룬다. 모든 기계는 백지상태에서 그것을 쓰는 인간의 목적에 맞춰 설계되므로 주도권이 100퍼센트 설계자의 손에 있다. 물론 이른바 개량형이라고 해서 이전 형태를 고쳐서 만드는 방법이 있긴 하지만 그것마저도 백지상태에서 설계한다는 가능성을 무시하지는 않는다. 그러나 백지상태에서 생물을 재설계하기는 애초에 불가능하다.

2005년부터 일본 전역을 뒤흔든 사건이 있었다. 한 건축사가 맨션의 내진설계를 위조한 사건이었는데, 설계도의 구조 계산을 컴퓨터로 꾸며서 위장했다고 한다. 그 자체로 워낙 엄청난 사건이지만, 주도권이 설계자에게 있다는 증명이기도 하다. 하지만 동물의 설계도는 그렇게 마음 내키는 대로 그릴 수 없다. 명백한 불량품은 설사 조작한다손 치더라도 자연도태가 확실히 절멸시키기 때문에 얼마 못 간다.

동물은 조상이나 자손이나 기본이 되는 설계도를 갖고 있다. 그것을 변경해가며 활용하는 것이 동물 진화의 왕도다. 대단히 '편리'한 설계도가 있으면 5억 년 정도는 끄떡없이 쓰인다. 지운 뒤에 고치고, 고친 것을 지우고서 써넣기를 반복한 결과로 실제 5억 년 이상이나 궁리를 짜낸 우렁쉥이, 창고기의 심장은 결국 우리의 심장으로서 지금도 살아 있다. 오훼골과 견갑골의 조합은 각각의 뼈가 설계변경을 받으면서 3억 년의 독립된 역사를 밟아왔다.

설계와 변경이라는 생각을 염두에 두면서 이 책의 중반을 감상하기 바란다. 다음 장은 그 설계와 변경된 설계가 총출연한다. 3장과 4장에는 어러분의 형태사를 설계라는 줄거리로 해명하는 일이 기다리고 있다. 그리고 명심할 것은 이 이야기들이 많은 동물의 시체를 현장에서 수집하는 충실한 연구자세를 통해 얻은 것이라는 점이다.

02

설계변경의 반복

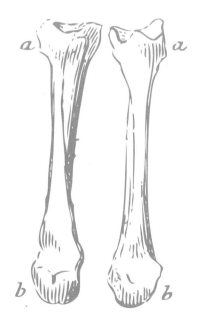

5억 년의 망설임

착각, 실수, 실패, 우연……

앞장의 출연자 중 하나인 창고기에서 인간이 탄생하기까지 대강 5억 년 이상의 시간이 걸렸다. 5분이 아까워서 선 채로 허겁지겁 메밀국수로 점심을 때우는 직장인은 억 년이라는 시간 단위를 들으면 어리둥절해한다. 그러나 지금은 그 ○억 년이라는 시간에 당황하지 말기를.

분명 5억 년은 길지도 모른다. 하지만 사물을 좀 삐딱하게 보자. 우주의 역사는 150억 년이고, 지구의 역사는 46억 년이라고 한다. 그렇다면 신체의 역사는 그 몇 분의 1밖에 되지 않는다. 동물 신체의 역사는 과학이 논의하는 시간의 범위에서 그저 일부 사건에 불과하다. 세월은 화살과 같다. 오히려 주어진 시간을 동물의 신체가 전속력으로 질주한 결과 현재의 우리 인간을 낳은 듯싶다.

한편 5억 년이 하찮다고 한들 경박한 사건을 그러모으느라 질질 끌어온 역사라고는 생각되지 않는다. 동물의 신체는 단순히 부분 부분으로 환원해서는 정확히 이해할 수 없을 만큼 너무나도 복잡하다.

'동물의 신체가 마치 스스로의 의지로 변화해나가듯 부단히 맹렬한 속도로 형태와 생활방식을 잇달아 바꾸어나갔다.'

신체의 형태를 보는 눈을 기르게 되는 것은 그런 역사관이리라.

그런데 「머리말」에서도 언급했다시피 역사는 돌과 종이에 남겨진 문자와 그림이나 유적을 발굴해서 해명하는 경우가 많다. 동물 신체의 역사는 물론 문자보다도 오래되었다. 따라서 그 자취를 더듬으려 할 때 우리는 땅을 파고 화석을 찾는다. 화석은 단연코 신체형태의 변천을 말하는 무척 중요한 증거라고 할 수 있다. 한편 우리는 몇만 년이나 걸쳐서 완성된 화석보다 나으면 낫지 못하지는 않은 또 다른 유력한 증거를 아주 간단히 발견한다. 등잔 밑이 어둡다는 비유대로 그것은 바로 무엇을 숨기려는 지구를 수놓은 동물들의 신체, 그리고 오늘도 분주하게 살아가는 여러분 자신의 신체다.

역사를 검증할 때 돌에 조각된 문자나 땅속에서 발굴되는 화석에서는 썩어 문드러진 것의 최후를 보는 느낌을 받는 데 반해, 살아 있는 자신의 신체에 역사의 발자취가 남아 있다는 사실은 신선하다. 실제로 내가 항상 살아 있는 동물의 신체와 시체로 되돌아가서 연구에 몰두하는 이유는 확실히 생체든 시체든 눈앞의 육체 안에 깊이 숨겨져 있는 수수께끼에 감동하게 되기 때문이다. 1억 년 전 공룡의 화석을 연구하는 일은 매우 흥분되지만 그보다는 눈앞에 드러누운 악어의 생생한 시체에 강하게 끌린다. 물건으로 인식되는 대상보다도 끝까지 목숨이 붙어 있는 존재거나 사망 직전까지 살아 있던 존재가 수수께끼 풀이의 장으로서 이유야 어쨌든 재미있게 느껴진다.

신체의 역사가 못 견디게 재미있는 이유는 아무래도 우리 인간을 비롯해서 지금도 살아 있는 동물의 신체구조에 그 역사가 새겨져 있다는 사실과 무관하지 않다.

실제로 얼굴과 손에서도, 발이나 등에서도 각각이 짊어져 온 척추동물의 삶, 그 발자취를 발견할 수 있다. 더욱이 조상의 신체를 유일한 재료로 해서 맹렬한 속도로 시간을 달려왔으므로 그 발자취에는 넘어지거나 길을 잃었던 수많은 흔적이 남아 있다.

최종적으로 두 다리로 걷는 호모사피엔스가 되기 위해 물고기가 뭍으로 올라간 것은 아님을 여러분도 잘 알 것이다. 사람을 만든 것은 그렇게 하느님이나 부처님이 백지에 설계한 이상적인 도면이 아니다. 오히려 축적된 우연이 포유류를 낳고, 과감한 설계변경이 원숭이류를 낳고, 착각이 차곡차곡 쌓여서 두 다리로 걷게 되고, 500만 년이나 지난 지금 우리 인간이 지구에 보금자리를 틀고 산다는 것이 진실이다. 길을 잃기도 하고 넘어지기도 하면서 우연과 착각을 무수히 거쳐 온 우리의 신체는 독특한 설계의 묘와 의도치 않은 성공, 간혹 개조의 기본적인 실패까지 보여준다.

지금부터 잠시 각각의 신체부위가 편력한 형태를 추적해 보겠다. 현재 생존해 있는 사람이나 동물의 신체일지라도 엄격한 진화과정에서 간신히 살아남은 작은 부위로 구성되어 있다는 사실부터 확인해보자. 이들은 설계변경과 착각과 실수와 실패, 겹치는 우연을 딛고 완성되곤 한다. 그리고 그 각 부위는 저마다 끈질기게 이어온 1억 년이나 3억 년, 5억 년이라는 시간의 슬픈 결말이다.

뼈를 창조하다

뼈의 역할

눈물 없이 읽을 수 없는 오쿠이즈미 히카루奧泉光 씨의 소설로『돌의 내력』이 있다. 삶과 죽음이 오가는 필리핀의 전쟁

터에서 주인공이 만난 이름 없는 돌의 역사가 현실세계의 무력한 인간과 교착하는 모습을 그린 너무나도 장렬한 작품이다. 이번 단락의 주인공인 동물 뼈에 걸작소설 속 개인의 운명 같은 내력이 얽혀 있다는 것은 아니다. 그러나 돌과 뼈는 언뜻 보면 침묵하는, 정적인 덩어리라는 느낌에서 비슷한 부류라고 생각한다. 실제로 사람의 뼈는 작품 속에서 레이테 Leyte 섬의 동굴에 굴러다녔던 돌과 마찬가지로 심원한 이력을 밟았다.

뼈는 인산칼슘이 만드는 대들보 같은 구조다. 그 견고함은 인산칼슘이라는 무기질의 조화다. 물론 극단적으로 시간을 거슬러 올라가면 지구에는 뼈 없는 동물들만 살고 있었을 테니 동물은 진화 도중에 모종의 경로로 이 무기질을 완벽하게 획득했다고 짐작된다.

이 인산칼슘 구조체 중에는 겉보기와는 달리 살아 있는 세포가 많이 활동하고 있다. 세포들은 대들보를 새로 만들거나 반대로 부순다. 흔히 뼈는 딱딱하고 그 형태는 영구불변이라

●『石の來歴』 뛰어난 문장력과 탄탄한 구성. 인간 심리의 이면을 파헤치는 드라마틱한 전개가 돋보이는 1994년 아쿠타가와상 수상작. 주인공 마나세 쓰요시는 2차 대전 참전 당시 필리핀의 레이테 동굴에서 어느 병사에게 들은, '강가의 돌 하나에도 우주의 전 과정이 새겨져 있다'는 이야기를 계기로 돌을 수집하고 연구하게 된다. 종전 후 헌책방을 운영하며 아내와 두 아들과 함께 착실하고 평범하게 살아가던 그에게 갑작스레 불행이 잇달아 덮친다. 트라우마로서 인생을 지배한 끔찍한 기억과 그 뒤에 감춰진 두 아들의 죽음에 대한 수수께끼가 서로 얽히면서 악몽 같은 환상이 펼쳐진다.

63

고들 생각하지만 실제로는 소유자인 동물이 살아 있는 동안 세포의 작용으로 인산칼슘 대들보가 날마다 새로 만들어지며 격렬하게 대사한다. 성장기 어린이가 해마다 뼈부터 크는 것을 연상하면 뼈의 형태가 점점 바뀐다는 내용에 수긍이 갈 것이다.

그런데 뼈가 신체 내부에서 무슨 일을 하느냐고 질문하면 교과서적인 답으로 곧잘 두세 가지가 꼽힌다. 이를테면 신체의 지탱, 운동의 시작점, 외부세계로부터의 방어다.

우선 우리 인간은 뼈가 있기에 서 있을 수 있다. 날마다 푸념하며 살아가는 여러분이나 나도, 또 이웃들도 그 나름의 질량(무게라고 생각해도 좋다)을 가진 구조이므로 단단한 뼈가 없으면 중력 때문에 변형되어 무너져버리고 만다.

쉬운 사례로 반증하겠다. 아시아의 식탁을 장식하는 해파리를 물에서 건져 올리는 장면은 흥미롭다. 근래에 일본 서해에서 많이 발생하는 노무라입깃해파리Cannonball jellyfish를 건질 때도 그렇다. 이 해파리들이 특유의 형태를 보이는 것은 물속을 떠돌며 중력으로부터 벗어나서 살 수 있을 때뿐이다. 일단 바다에서 건져 올리면 그들은 그냥 볼품없는 젤리덩어리로 변한다. 물속에서 사는 뼈 없는 동물에 중력이 실리면 이렇게 금세 운명이 결정 난다. 한편 육상의 척추동물에게는 믿음직한 인산칼슘 뼈가 있다. 뼈가 심芯이 되어 신체에 실리는 힘을 지탱해주는 덕에 우리는 중력에 저항해서 형태를 유지하고 무사히 살 수 있다.

이어서 알통을 만들어보자. 누구나 자기 나름으로 불룩하게 솟아오르는 팔의 이 부위는 위팔두갈래근biceps brachii, 다른 말로는 상완이두근上腕二頭筋이라는 근육 덩어리다. 이 근육은 1장에서도 등장했던 견갑골에서 팔 쪽으로 뻗어 있다. 어깨 관절을 지나 팔꿈치 관절을 거쳐서 도달하는 곳은 팔꿈치 조금 아래의 뼈다. 사람의 팔꿈치와 손목 사이에는 두 개의 뼈가 평행으로 뻗어 있는데 위팔두갈래근의 목적지는 엄지손가락 쪽의 뼈, 즉 노뼈radius 혹은 요골이라고 부르는 뼈다. 견갑골과 노뼈 사이에 덮인 이 거대한 근육을 수축시키면 팔꿈치를 구부릴 수 있다. 이 동작은 사람이 사물을 들어올릴 때는 필수이며, 마침 앞다리로 체중을 지탱하지 않는 우리야 차치하더라도 사족동물들의 경우 이 동작이 없으면 애초에 걸을 수가 없다.

이 예를 통해 알 수 있다시피 뼈의 큰 역할은 근육에 부착될 면을 제공하고 동물의 운동을 실현하는 것이다. 견갑골에서부터 근육을 통해 노뼈를 끌어올려서 팔꿈치를 구부린다. 만일 신체에 뼈라는 심이 없다면 하나의 운동을 온몸으로 완결해야 하며, 신체 각 부위의 운동을 통제하기가 대단히 어려울 것이다.

마지막으로 나나 여러분 모두가 간혹 넘어져 혹을 만들면서도 뼈 덕에 무사히 살고 있다는 사실을 잊어서는 안 된다. 머리뼈는 충격으로부터 뇌를 보호하는 중요한 장벽이다. 또한 프로권투 선수가 가슴을 강타당해도 큰 손상을 입지 않는 까닭은 가지런히 배열된 여러 개의 늑골이 갑옷처럼 든든히 심장과 폐를 보호하기 때문이다. 이와 같이 뼈는 자신의 단단한 성질을 활용해서 물리적인 충격으로부터 신체를 보호하는 역할도 한다.

목적과 결과의 격차

그런데 이렇게 중요한 역할을 하는 뼈지만 해파리나 오징어, 곤충 같은 여러 무척추동물은 우리와 같은 의미의 뼈를 획득하지 않았다. 한편 우리가 속한 척추동물의 경우 머나먼 조상 시절 처음부터 뼈다운 뼈를 갖고 있었던 것은 아니다. 앞서 언급한 창고기가 좋은 예다. 중심축이 되는 척삭은 존재했어도 저녁 반찬인 꽁치에서 볼 수 있는 제대로 된 척추가 배열된 상태는 아니었다.

그럼 애초에 뼈는 어떻게 신체에 마련되었을까.

고생물학자와 해부학자는 뼈의 기원에 대한 이런저런 가설을 아주 밀도 높게 논의해왔고, 그 결과는 지금도 하나의 결론으로 집약할 수 없다. 여전히 의문이 남는 지점도 있으나 대강 다음과 같이 생각한다.

태고의 물고기에게 생존에 필요한 미네랄을 보유하는 방법은 큰 문제였다. 특히 칼슘과 인산을 항상 안정적으로 신체에 공급하는 능력은 물고기에게 생사의 분기점이기까지 했다. 만일 옛날에 물고기가 바다 속에서 살았다면 칼슘은 해수 중에 다량 존재했겠지만 입수한 칼슘을 생체의 어디에, 어떻게 비축해두느냐가 관건이었다.

한편 인산은 계절에 따라 바닷물에서 얻을 수 있는 양이 크게 다를 수 있다. 보통 인산은 식물 플랑크톤에 축적되므로 소비자인 동물은 그것을 먹고 인산을 얻는다. 하지만 일반적으로 식물 플랑크톤은 항상 평균량이 생산되는 게 아니므로 단기적으로라도 공급원이 끊기면 물고기들은 단박에 인산결핍 상황에 빠져서 생명을 유지할 수 없게 된다. 그러므로 인산을 풍부하게 얻을 수 있는 시기에 대량으로 비축해서 부족한 계절에 조금씩 소비하는 주기가 성립하면 물고기에게는 상당히 편리하다. 칼슘과 인산, 두 미네랄의 어려운 수급관계를 일거에 해소하는 방법으로 우리의 조상은 신체

어딘가에 인산칼슘을 저장하는 장소를 마련한 듯하다. 공급량이 많을 때 체내에 인산칼슘을 덩어리로 만들어 축적하고, 외부세계에서 얻을 수 없을 때는 비축 원칙을 깨고 독자적으로 공급하면 된다.

다시 말해 이 인산칼슘 대들보는 처음부터 신체를 지탱하거나, 운동의 기점이 되거나, 신체를 보호하기 위한 게 아니었다. 물고기 뼈는 인산과 칼슘을 보유하려는 처음의 '목적'을 위해 이따금씩 만든, 그 이외에는 아무짝에도 쓸모없는 미네랄 저장고에 불과했을 것이다. 그런데 완성된 인산칼슘 집합소는 실로 단단하고 견고해서 정말이지 이 이상의 신체의 중심축은 없다고 할 만큼 고성능 장치였던 것이다.

진화에서는 예사

인산칼슘을 축적한 목적과 뼈가 오늘날과 같은 기능적인 형태를 갖추게 된 결과 사이에는 다소의, 아니 상당한 간극이 있다. 그러나 물고기는 우선 기존과 달리 뼈를 시작점으로 근육을 덮어서 운동성이 눈에 띄게 높은 신체를 획득했을 것이다. 알기 쉽게 설명하면 기존보다 빠르게 헤엄치는 물고기, 적으로부터 도망치는 민첩성을 갖춘 물고기, 자세를 능숙하게 바꿀 수 있는 물고기, 헤엄치는 동작을 미세하게 조절할 수 있는 물고기가 뼈 덕분에 탄생했을 것이다. 나아가 뼈는 단지 신체의 운동성만 향상한 것이 아니다. 물고기가 물속에서 다른 동물과 목숨 걸고 싸우는 상황이 오면 뼈를 발명한 물고기들은 뼈 갑옷으로 생명을 부지할 수 있다. 가슴에 펀치를 얻어맞은 프로권투 선수가 태연히 심장을 보호하는 것과 비슷한 방법으로.

그리고 오랜 세월이 흐른 끝에 물고기는 육지로 올라가서 사지가 달린 동물로 진화한다. 대략 5억 년 전에 탄생했을 인산칼슘 저장선반 같은 골격은 물고기의 자손이 육지에서 신체를 지탱하기에 이르면서 이번에는 중량을 견디며 신체의 형태를 보호하는 중요한 지지체로 변했을 것이다. 원래 인산과 칼슘의 체내배분 방법에 대한 고심 끝에 나왔던 산물이 마침내는 육지에서 살아가는 데 불가결한 신체의 기둥으로 변모한다. 미네랄 저장고가 한층 더 기능적인 뼈로 돌변한 순간이다.

이와 같이 확 달라진 '목적'과 효과가 뼈의 내력에 담긴 재미라고 할 수 있다. 마지막에 완성된 형태의 역할과 그 형태가 개발된 시점의 기능이 명확히 다른 경우를 진화학에서는 흔히 전적응前適應, preadaptation이라는 말로 설명한다. 태고의 물고기가 미네랄을 보관하는 장소로서 인산칼슘 결정結晶을 체내에 비축했던 것을 척추동물 뼈의 전적응 상태라고 부를 수 있다.

놀랐을지도 모르지만 실은 이와 같이 진화의 본래 '목적'과 최종적으로 완성된 것의 역할이 다른 경우는 신체의 역사에서 드문 일이 아니다. 오히려 진화에서는 예사이기도 하다. 전적응이라는 까다로운 말을 무턱대고 쓸 생각은 없지만 새로이 개발된 신체구조가 당초의 '의도'와는 다른 역할을 하는 것은 지극히 평범한 신체 역사의 전말이다. 진화란 백지 상태에서 새로운 동물을 창작하는 것이 아니라 무수한 설계 변경이 자연도태를 당하고 살아남는, 누덕누덕 기우는 과정이다. 따라서 실제 동물 신체의 변천이 즉흥적이라는 느낌은 부인할 수 없다. 하여간 결과만 좋으면 그만이라는 식의 그런 엉터리 진화가 종족 전체에 대규모 발전을 불러오는 모습이 지구의 역사에서는 자주 눈에 띈다.

소리를 듣고 사물을 씹다

이소골 입문

승마 경험이 전무한 사람일지라도 등자의 형태는 잘 안다.

고등학교까지의 교과 교육에서 등자에 대해 접할 기회가 몇 번은 생기기 때문이다. 가령 고문古文을 배우다 보면 갑옷, 안장, 등자 같은 무사의 개인소지품에 관한 지식이 필요한데, 그럴 때는 이를 묘사한 글이나 그림을 통해 그게 뭔지를 배우게 된다. 실제 물품을 이용하거나 본 적이 없어도 지식의 일부에 추가되는 좋은 예다.

그리고 몇몇 독자에게는 중학교나 고등학교 과학 수업에서 배우는 이소골도 등자에 대해 접하게 되는 경험의 하나일 것이다. 말에 다는 등자를 실제로 본 적은 없어도 왠지 모르게 용도에 따른 형태를 띠고 있어서 누구나 이해할 수 있다(그림 12).

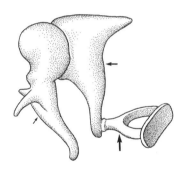

이소골이 무엇을 하는 부위인지 간단히 설명하면 이렇다. 소리를 지각하는 인간 혹은 포유류는 귓구멍 속에 펼쳐진 천 같은 고막을 통해 공기의 진동을 전달받는다. 그러나 제 기

그림 12 이소골의 모식도. 망치뼈(작은 화살표), 모루뼈(중간 크기의 화살표), 등자뼈(큰 화살표)의 면면이다. 확대경으로 봐야 할 만큼 작은 이 뼈들은 사실 우리 신체의 역사를 응축한 진화의 이야기꾼이다(국립과학박물관 와타나베 요시미渡辺芳美 씨의 그림).

능을 한껏 발휘한다 해도 고막이 미약한 진동까지 지각할 수 있을지 미덥지가 않다. 그래서 등장하는 것이 이소골이다. 망치, 대장간에서 쇠를 두드리는 받침대인 모루, 승마할 때의 발걸이 쇠인 등자라고 명명한 그 이름대로 기묘한 형상의 뼈는 고막의 진동을 받아 지렛대의 원리로 증폭하고, 속귀inner ear, 즉 내이內耳에 전달한다. 속귀는 이 증폭된 진동을 림프액의 움직임으로 바꿔서 마지막에는 전기신호로 뇌에 전달한다. 다시 말해 애초에 공기의 작은 떨림에 불과했던 소리를 결국 전기신호로 변환하는 과정의 중요한 역할을 이소골이 담당한다고 할 수 있다.

이 고막과 이소골, 그에 더해 속귀의 림프장치라는 주제는 사실 진화와 분리해서 배우기 일쑤다. 햇병아리 의사가 필요에 따라 배우는 청각계통의 생리학 같은 단면으로 만들어버리니 학생은 인체의 역사에 하등 흥미가 없는 채로 기계적으로 귀의 기능을 배우게 된다. 일본의 다양한 교육현장에서 가르치고 배운 귀는 그 역사성을 생략한, 마치 이비인후과적 초등지식 같은 것이었다.

얼마 전부터는 고등학교 과학 교과서가 얇아지고 교실에서는 학습지도 요령에 얽매여 꼼짝달싹 못하는 나머지 진화와 적응을 가르칠 수 없는 비정상적인 사태가 발생했다. 진화를 언급하지 않는 생물학은 다윈 이전의 교회 주일학교와 진배없는 지루한 낭독에 불과하다. 재미있는 것은 정부의 교육정책이 계속해서 어긋난 길을 가더라도 청각기능이라는 주제로 한정하면 많은 학교의 교실에서 이소골을 계속 가르칠 수 있다는 것이다. 기말시험 때 대부분의 일본인은 귀의 역사는 도외시한 채 소리를 듣는 구조를 알고 있는지만 채점하는 기묘한 '교육'을 진행한다. 그렇게 '학생이 귀를 이해한다'는 교육목표가 달성되면 행정도, 선생도, 학원도, 학생도, 학부모도 대만족이기 때문이다.

'합리적인 도달점'만 보는 과학 교육에서 진화에 관한 내용은 제일 먼저 제외된다. 배워봤자 당장은 생활에 쓸모가 없을뿐더러 돈 되는 일과도 거리가 먼 탓이다. 의학부 강사가 난청치료 전문의를 만들자는 '교육목표'를 가졌다면 지금부터 이야기할 귀의 역사는 가르칠 필요가 없다. 고약하게 말해서 미안하지만 교육을 '목표'로 바꾼 의학과 수의학이 가르치는 해부학은 예외 없이 어리석고 시시하다. 의사가 후진 양성이라는 합리적인 목적을 커리큘럼과 교수학습계획서에 게재한 순간 인체를 교육하는 과정에서 진화적 시점은 철저히 배제된다.

이 책은 그러한 우매한 세상을 비웃으면서 신체의 역사를 해독해나가려 한다. 여러분, 돈 안 되는 진화를 배우는 지금 이야말로 유례가 드문 행복한 시간일지 모른다. 악, 옆길로 살짝 샜네.

그래서 말인데, 귀의 역사야말로 으뜸가는 설계변경, 착각 중의 착각을 거친 완전한 임시방편적 진화라고 할 수 있다. 일단 우리 이소골의 바로 전 단계 모습을 살펴보겠다(그림 13). 이 표본은 악어의 머리 부분이다. 파충류의 머리가 우리 귀와 무슨 관계가 있느냐면 웬걸, 이소골은 파충류에게는 머리 부분, 그것도 턱의 일부다. 이소골 중 망치뼈(추골槌骨, Malleus)는 파충류 단계에서는 턱관절temporomandibular joint 또는 악관절이라고 부르며, 아래턱(하악下顎)의 뒤쪽에 위치한다. 한편 모루뼈(침골砧骨)는 마찬가지로 파충류의 경우 방형골方形骨, quadratum이라고 부르며 위턱(상악上顎)의 뒤쪽에 존재한다(그림 14). 턱관절과 방형골이 맞물려서 파충류의 턱 경첩을 만드는 것이다.

주의할 점은 악어 자체가 포유류와 인간으로 진화해나갈 조상은 아니라는 것이다. 그러나 우리 포유류의 이소골이 이 약간 오래된 벗의 턱 부품으로 만들어졌다는 것은 분명하다.

그림 13 악어의 머리뼈를 우측 면에서 보았다. 이 동물은 파충류 중에서도 턱관절이 잘 보여서 귀의 역사에 관한 좋은 교과서다(국립과학박물관 소장 표본).

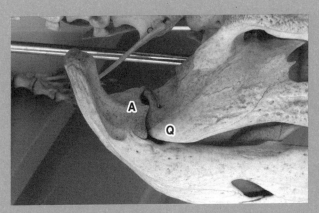

그림 14 그림 13의 악어 턱관절을 확대한 것. 위턱의 방형골(Q), 아래턱의 관절골(A)로 턱관절의 경첩을 만든다. 포유류 계통에서 이 두 뼈는 진화사의 소용돌이에 휘말리며 변천한다(국립과학박물관 소장 표본).

우리의 귀는 왜 이런 파격적인 진화를 일으켰을까?

현재로서 믿을 만한 이야기는 포유류가 청각기능을 완벽하게 연마하는 과정에서 강력하게 향상된 이소골이 필요했다는 것이다. 육지의 오래된 척추동물은 오늘날의 포유류보다 머리가 지면 가까이에 위치하는 편이다. 앞서 말한 악어를 생각해보면 머리가 거의 땅에 쓸릴 만큼 낮은 위치에 있다. 악어는 소리를 듣기 위해 공기의 약한 진동을 열심히 구분하지 않아도 턱을 땅에 대기만 하면 직접 땅을 거쳐서 외부세계의 진동을 수집할 수 있다. 예를 들어 가까이에 있는 다른 사람의 발소리 같은 것은 공기를 통해서 지각할 필요가 전혀 없다. 지면의 진동을 직접 두부頭部에 전달하면 나머지는 속귀가 뇌에 전달한다. 물론 그 방법으로 사람의 말소리를 또렷하게 인식하는 것은 무리겠지만 생존을 위한 최소한의 정보수집이 목적이라면 고막과 이소골에 고성능 부품을 비치할 필요는 없는 것이다.

그런데 우리 포유류는 귀와 머리뼈를 지면에서 멀고 높은 위치로 끌어올렸다. 개나 사슴, 쥐, 원숭이 모두 개구리나 거북이, 악어, 도마뱀만큼 머리가 땅에 닿다시피 하면서 움직이지는 않는다. 아마도 그 까닭은 포유류의 사지四肢가 발달한 과정과 관련된 듯하다. 포유류는 더 빨리 달리기 위해, 혹은 더 능숙하게 나무에 오르기 위해 사지를 몸통 바로 밑에서 수직으로 세울 필요가 있었던 듯싶다. 다들 알다시피 악어의 사지는 몸통 바로 옆으로 뻗어 있으나 그에 비해 너구리나 소, 곰은 사지를 지면에 수직으로 세우고 신체도 머리도 높은 위치에 둔다. 포유류는 소리와 관련된 정보를 땅에 접촉하는 방식으로 들을 수 없기 때문에 철저히 공기에서 수집할 수밖에 없다. 그래서 등장한 것이 이소골이다. 이소골을 세 개 모아서 고성능 소리증폭장치를 그곳에 비치하면 아주 작은 공기의 진동도 정확히 감지할 수 있을 테니까.

눈독 들인 턱뼈

여기서 포유류의 이소골 중 하나, 등자뼈(등골鐙骨, stapes)는 다른 두 개의 이소골과는 별도로 다루어야 한다. 등자뼈에 해당하는 곳은 우리 조상이 물고기였던 무렵에는 설악舌顎, hyomandibular 또는 설악골hyomandibular bone로서 설궁舌弓, hyoid arch이라는 아가미 앞에서 턱을 지탱하는 장치의 일부였다. 약 3억 7,000만 년 전에 척추동물이 육지로 올라가면서부터 머리뼈가 개조되는 과정에서 이 설악골은 등자뼈라는 존재로 진화한다. 등자뼈가 언제쯤부터 본격적으로 청각에 공헌했는지는 잘 알 수 없지만 속귀가 생기는 장소에 있는 뼈이므로 외부세계의 진동을 속귀에 전달하기에는 꼭 알맞은 위치다.

어쨌든 아무래도 포유류에 이르러서야 첫 무대를 밟은 다른 두 개의 이소골에 비해 청각장치로서의 역사는 훨씬 오래된 듯하다. 파충류 단계에서 등자뼈는 고막 안쪽에서 증폭기로서 성립했고, 이미 소리를 잘 듣기 위한 장치로서 충분히 기능한다. 고막은 아마 각각의 동물이 독자적으로, 즉 알아서 만들었던 모양이므로 이 책에서는 그 역사에 더 깊이 들어가지는 않겠다. 여기서는 등자뼈의 내력이 모루뼈나 망치뼈와는 다르다는 사실만 이해하면 족하다.

실제로 많은 파충류는 등자뼈만으로 똑똑히 소리를 들을 수 있었을 것이다. 그런데 그 가운데 그만한 능력으로는 성에 안 차는 무리도 나타났다. 우리 포유류의 조상이다.

우리의 먼 조상은 소리를 더 잘 듣기 위해 제2, 제3의 이소골을 원했다. 하지만 무無에서 설계하기는 불가능했을 것이다. 진화의 역사는 임기응변으로 재료를 찾아내 새로운 역할을 부여하는 설계변경에 의존한다. 거듭 말하지만 이 경우는 '폭거'라고 해도 과언이 아니다. 대략 2억 년 전의 초기 포유류가 눈독을 들인 것은 아직 턱의 경첩을 이루고 있던 관절골과 방형골이었다. 이 경첩 한 쌍을 턱관절에서 '선발'해

귓속에 투입하면 이상적인 이소골로 기능을 강화할 수 있다. 추측하건대 어림잡아 5,000만 년 정도의 시간이 필요했을 것이다. 그렇게 초기 포유류는 위턱 쪽에 있었던 방형골로부터 모루뼈를, 아래턱의 뒤쪽 끝에 붙어 있던 관절골로부터 망치뼈를 만들었다. 새로운 귀의 재료로서 가까이에 있던 턱관절의 뼈를 이용하는 '발상'은 우수한 기계를 설계하는 공학 엔지니어의 감각과는 전혀 다르다. 우리 조상의 난폭한 제작방식에서 확고한 이념은 찾을 수가 없다. 새로운 귀의 재료로 턱관절을 선택한 이유를 찾는다면 그저 턱 경첩에서 귓속까지가 '엎어지면 코 닿을 데'라고 해도 좋을 만큼 아주 가깝기 때문이라 생각한다.

이리하여 다시금 초기 '목적'과는 다른 역할을 하는 부위가 우리 신체에 추가된다. 관절골과 방형골은 어디까지나 머리의 일부로, 나아가 턱의 아래위를 연결하는 중요한 부분으로 존립했을 것이다. 그것이 시간과 함께 귓속에 갇혀서 고막의 미세한 떨림을 알아채기 위한 지렛대로 바뀐 것이다. 진화란 이처럼 예상 밖의 일을 태연히 해낸다. 게다가 그 결과는 대성공이어서, 완성된 귀는 청각장치로서 포유류의 생존과 발전을 2억 년 이상 지탱한다. 줄기차게 중대한 사명을 다하고 있는 것이다.

그런데 턱에서 유능한 부분을 뽑아 세련된 청각장치를 만든 것은 좋다 쳐도, 정작 턱을 선발한 포유류는 그 상태로는 씹을 수가 없었다.

관절이 없는 턱은 정말 보기 흉하다. 그래서 포유류는 턱에서 일부를 뽑고 동시에 설계를 변경해서 또다시 완전히 새로운 경첩을 개발하는 데 성공한다(그림 15).

다시 말해 악어 같은 파충류와 여러분의 턱관절은 구성하고 있는 부품이 전혀 다르다. 포유류의 턱을 이루고 있는 것의 정체는 뭘까? 위턱은 방형골이 아닌 측두린, 아래턱은 관절골이 아닌 아래턱뼈mandible(포유류 이외에 대해서는 치골齒骨이라고 한다)다. 포유류의 이 새로운 관절의 재료가 무엇이냐고 묻는다면 대답은 단순하다.

측두린이나 아래턱뼈나 원래부터 있는 머리뼈와 아래턱의 일부다. 측두린은 동물에 따라 관자뼈temporal bone 혹은 측두골이라는 뼈의 일부이기도 한데, 머리뼈 중에서 뇌를 넣는 방의 측면에 있었던 부위다. 아래턱뼈 또한 이름(치골) 그대로 이빨을 담기 위해 옛날에 만들어진, 아래턱의 대부분을 차지해온 중요한 뼈다. 포유류는 귀의 성능을 향상하기 위해 기존의 경첩 전용 뼈를 소집하는 대신 기존에 있던 머리뼈와

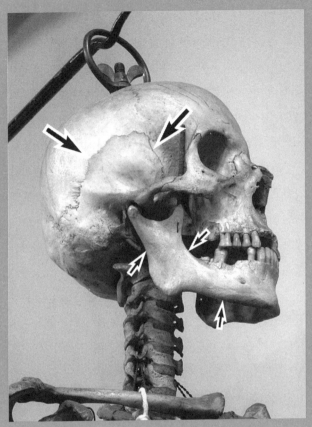

그림 15 우리 인간의 턱관절. 위턱에서는 측두골側頭骨의 측두린 혹은 관자뼈비
늘Squama of temporal bone이라는 뼈(큰 화살표)로, 아래턱에서는 아래턱뼈
(작은 화살표)로 관절의 경첩이 완성된다. 같은 턱관절이라도 앞의 그림 속 악어
같은 비교적 오래된 척추동물과 비교하면 구성하는 부품이 전혀 다르다(국립과
학박물관 소장 표본).

아래턱뼈의 일부를 새로이 필요한 경첩으로 변형해서 대처했다. 중요한 것은 이 두 가지 진화가 거의 동시에 일어나지 않으면 곤란하다는 사실이다. 왜냐하면 동물은 항상 음식물을 씹어 먹어야 하기 때문이다. 귀를 밝게 하는 것이 아무리 중요한들 한시라도 턱의 경첩을 잃어버릴 수는 없다.

이렇게 완성된 턱관절은 망치뼈나 모루뼈와 막상막하로 엉뚱하게 쓰였다. 원래 관자뼈는 뇌의 측면을 보호하기 위한 것이고 아래턱뼈는 아랫니가 자라기 위해 생긴 뼈였을 텐데 어느 사이엔가 경첩 역할을 배당받았으니 말이다. 하지만 그렇다고 문제가 있었다는 것은 아니다. 오히려 이들은 다양한 포유류의 씹는 동작을 뒷받침하는 뛰어난 경첩으로서 계속 다양하게 진화했다. 오죽하면 해부학 세계에 '포유류는 음식물을 씹는 척추동물이다'라는 말이 있을까. 그만큼 포유류의 새로운 턱관절은 다양한 음식물을 유효하게 저작咀嚼하는, 임기응변이 좋은 만능장치다. 비록 착각과 설계변경의 산물일지언정 결과가 좋으니 포유류의 턱과 귀를 개조한 역사는 멋지게 대성공을 거두었다고 할 수 있다.

자, 앞으로는 오후 3시에 차와 함께 과자를 깨물어 먹거나 CD로 음악을 감상할 때마다 잠깐씩 우리 신체의 역사를 돌이켜보면 어떨까. 여러분의 턱관절과 귓속의 작은 뼈들은 조상님이 전혀 예측하지 못했던 용도로 현재를 살고 있는 영락한 부품들의 결말이나 다름없다. 그 누덕누덕 기운 부품에 둘러싸인 채 여러분은 지구 역사의 짧은 순간을 자기 나름대로 살고 있는 것이다.

턱을 선물하는 좋은 방법은?

귀와 턱관절을 살펴보았으니 이 기세를 몰아 다시 2억 년가량을 거슬러 올라가보겠다. 이소골이니, 턱관절이니 하는 것 이전에 맨 처음 턱이 입을 에워싸게 된 경위부터 살펴보자.

익히 아는 척추동물 중에는 지금도 턱이 없는 무리가 존재한다. 바로 칠성장어나 먹장어inshore hagfish 같은 이른바 무악류無顎類, Agnatha다. 그들에게도 당연히 입은 있지만, 신체의 뾰족한 끝 가까이에 단지 구멍이 뚫려 있을 뿐 그 주위에 턱이라는 틀이 없으므로 씹는 행위가 불가능하다. 음식물을 깨물어 먹거나 큰 사냥감, 동작이 날쌘 사냥감을 물기는 어렵다는 얘기다.

그럼 그들에게 턱을 선물하려면 어떤 방법이 좋을까? 일단 입을 에워싸는 위치에 튼튼하고 잘 작동하는 틀을 설계하는 것으로 목적을 설정하자. 거기에 이빨을 배열하면 사냥감을 잡아서 씹어 먹을 수 있는, 생존에 무척 편리한 장치가 완성된다. 입 구멍 자체는 초기 척추동물 때부터 머리의 복면, 즉 지면을 향하게끔 뚫린 속이 비고 긴 관으로 발생했으므로 턱을 만들면 지면 쪽을 향한 두부의 주변부터 덮는 구조가 될 것이다. 실제 역사상으로도 척추동물은 이 작전을 썼다. 그리고 여기서 또다시 척추동물은 장기인 설계변경에 돌입한다.

우선 턱이 없는 최초의 상태를 상정하자. 이해하기 어려우면 칠성장어를 생각하라. 만일 살아 있는 칠성장어가 보고 싶다면 각종 즙을 고아 파는 한약방 등에서 구경해보기 바란다. 턱이 없는 그들에게 입의 구멍 바로 뒤쪽에 있는 구조는 아가미다. 머리 뒤쪽에 여덟 개나 나란히 있는 것은 눈이 아니라 아가미구멍이다. 아감딱지(아가미뚜껑)라도 괜찮다면 어항에 사는 금붕어나 잉어를 살펴보도록. 금붕어에게는 물론 이미 턱이 생겼으나 지금부터 꺼내는 이야기를 이해하려면 금붕어만 봐도 큰 도움이 된다.

옛날 물고기들이 턱을 만드는 재료로 고른 것은 뜻밖에도 이 아가미의 일부였던 모양이다. 물론 턱은 머리뼈와 연결된 상당히 큰 구조이므로 아가미의 요소 전부를 재료로 특정했다고 하기는 어려우며, 향후 분자발생학 쪽 연구가 이 흥미로운 턱의 기원을 밝혀줄 것이다. 여하튼 턱의 형성에는 틀림없이 아가미 구조가 관여했다. 아가미란 물고기가 수중에서 산소를 섭취하기 위한 장치, 다시 말해 호흡기관이다.

아주 조심스럽게 1장에 등장했던 명배우, 구운 꽁치에게 커튼콜을 보내보자(그림 16). 이 사진은 그림 11에 이르기 조금 전 단계까지 식탁 위의 시간을 되감았다. 턱을 파괴하긴 했으나 심장 전체를 보기 위해 아가미를 해체하기 전의 사진이다. 따라서 심장의 전체 모습은 아가미 뒤에 가려져 있다.

아가미는 구우면 칙칙한 분홍색이 된다. 들쭉날쭉하게 보이는 돌기가 아가미다. 물고기는 입에서 아가미로 흘러들어온 물을 통해서 물속의 산소를 체내에 흡수한다. 문제는 이 아가미 전체가 어디에, 어떤 형태로 존재하느냐.

아가미 중에서도 혈액 속으로 산소를 흡수하는 부분은 물론 혈관이 많이 지나는 부드러운 조직이다. 그러나 아가미 전체의 구조는 이 부드러운 부분을 지지하는 뼈대를 기둥 삼아 강도를 유지한다. 아가미를 지탱하는 이 지지골격 부분과 그것이 이루는 조직 전체를 가리켜서 전문용어로 아가미활 gill arch 혹은 새궁鰓弓이라고 한다.

그림 16에서 이 아가미 주변의 구조를 유심히 보기 바란다. 눈의 복면, 다시 말해 눈 아래쪽에 포물선을 그리듯이 자란 아가미가 복잡한 아가미 구조를 지탱하는 기둥임을 알 수

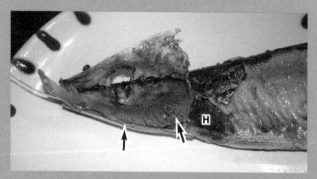

그림 16 그림 11의 꽁치에서 아직 아가미(화살표)를 해체하지 않았을 때의 상태. 왼쪽에 보이는 두부의 표층과 턱을 해체한 단계다. 아가미는 완만한 포물선을 그리는 골격요소가 지탱하는데 정말로 아래턱과 같은 위치에 비슷한 형태를 띠고 존재한다는 사실이 보일 것이다. 아가미 주변의 구조는 턱을 개발하기에 안성맞춤의 재료였던 듯하다. H는 심장을 가리킨다.

있다. 물고기 성체에서 아가미를 지탱하는 단단한 지지체로 된 주변이 얼추 아가미활에 해당한다. 아가미활이라는 말이 어려우면 당장은 아가미 주변이라고 바꿔 읽어도 상관없다.

상상력이 풍부한 독자는 방금 눈치 챘을 것이다. 아가미활의 위치는 눈 약간 뒤에서 조금 아래쪽(복면)이다. 물론 바로 근처에는 물을 섭취하는 입이 뚫려 있다. 그러니까 아가미활은 아래턱 바로 뒤쪽에 위치할뿐더러 아래턱과 흡사한 형태를 띠고 있는 셈이다.

구운 꽁치를 상대로 이 무슨 무모한 이야기냐 싶을 테지만 반면에 가을의 미각을 돋우는 이 꽁치는 아가미와 아래턱이 형태뿐만 아니라 위치도 비슷하다는 것을 보기에 의외로 좋은 재료다.

아가미를 빌리다

여기서 척추동물에 턱이 없었던 시대를 상상해보자. 입에 구멍은 뚫려 있지만 그 구멍을 여닫는 턱 구조가 존재하지 않는다. 입 주위에는 턱보다 훨씬 옛날부터 존재하고 있었던 아가미활이 자리 잡고 있다. 아가미활은 효율적으로 물에서 산소를 얻을 수 있도록 좌우에 같은 구조로 여러 장 만들어졌다. 만일 이 아가미활의 앞쪽 부분, 즉 입 구멍 가까운 부분에 경첩이 생기고, 나아가 근육을 이용해 마음대로 벌렸다 다물 수 있게 된다면…….

이빨의 유무는 당분간 큰 문제가 아니다. 무엇보다도 입 구멍 주위에 여닫을 수 있는 문이 생겼지 않나. 이제 좌우 여 닫이문을 좌우가 아닌 상하 여닫이문처럼 만든 정말로 편리 한 구조를 입의 아래위에 마련한다. 턱 구조의 상반부(위쪽 절 반)는 원래 있던 머리뼈와 한 몸이 되어 위턱을 완성한다. 전 문용어로 구개방형연골口蓋方形軟骨, palatoquadrate cartilage이라 고 하는 머리의 일부가 된 구조다. 한편 하반부(아래쪽 절반)는 아가미활 부분을 활용하며 차츰 아래턱으로 발전한다.

앞에서 이빨 유무는 문제가 아니라고 했으나 이제 턱의 아 래위 가장자리에 날카로운 이빨을 배열하는 일만 남았다. 치 아 배열이 가능해진 이유는 대답하기 어려운 의문이므로 일 단은 보류해두겠다. 하여간 아가미활의 일부를 이용해서 완 성한 아래턱이 위턱과 경첩을 이루며 관절을 만든다. 그리고 이것을 자유자재로 여닫는 근육이 배치되면 턱 있는 물고기 가 완성된다.

여기서 아가미가 호흡과 관련된 장치였던 것을 기억하기 바란다. 호흡장치를 구성하던 아가미활이 저작·소화 장치인 턱 부분으로 바뀌는 세찬 설계변경의 광풍이 또다시 소용돌

이쳤다. 말이 좋아서 설계변경이지 이쯤 되면 사정이야 어떻든 아가미에게는 강제동원이다. 원래 호흡장치로 설계했던 것이 저작에 이용될 정도라니, 뛰어난 저작기관을 개발하려는 입장에서는 차라리 아무것도 없는 백지에 설계하는 편이 훨씬 낫지 않으려나.

그러나 정말로 중요한 점은 그런 무리한 작업을 한 설계자를 비난할 수 없다는 것이다. 오히려 대폭적인 설계변경을 통해서 새로운 기능을 획득할 만큼 응용력이 풍부한 척추동물의 원래 설계도라는 존재가 놀랍다. 창고기가 애초에 너무나 우수한 까닭에 우리의 신체는 이런 짓을 해도 무사했던 셈이다. 기본 설계가 각별히 우수하기에 호흡장치의 일부를 턱으로 개조하는 부분별 설계변경이 가능한 것이다.

그런데 아가미의 지지체가 아래턱과 위턱이라는 이 고전적 이론은 주제 자체로 오랫동안 논의의 장을 낳았다. 가령 원래 턱이 없는 칠성장어 같은 물고기와 턱을 가진 평범한 어류의 아가미가 정말 역사적으로 같은 유래를 가졌는지(상동[*]이라

● 相同, homology 서로 다른 생물들의 기관이 겉모양과 기능은 크게 달라도 그 기원과 해부학적 구조가 동일한 경우를 말한다. 뼈 구조가 같은 사람의 팔, 개의 앞다리, 고래의 가슴지느러미, 새의 날개, 박쥐의 날개라든지, 같은 소화기관 부위에서 기원하는 척추동물의 폐와 부레가 그 예다.

는 개념이다)는 중요한 문제였다. 현재는 칠성장어와 턱 있는 어류 간에 아가미활(여기서는 아가미의 지지체가 되는 골격을 의미한다)이 아가미의 부드러운 부분을 지탱하는 방식의 내용이 몹시도 달라서, 안이하게 아가미 전체가 어떤 동물이든 상동이라고 해서는 안 된다는 의심이 제기되고 있다.

또한 '아가미 주변의 구조'라고 간단히 불렀지만 그것을 가능하게 하는 몇 가지 관련 유전자의 발현양식은 복잡해서, 단순히 아가미활 전체가 턱으로 바뀌었다는 주장은 실제보다 단순화한 것이다. 이와 관련해서 칠성장어와 여타의 턱 없는 척추동물의 몸에서 아가미로 흐르는 물을 보내는 연막緣膜, velum이라는 펌프가 이후의 턱과 상동기관homologue이라는 설도 제기되어왔다.

게다가 칠성장어 등의 신체를 자세히 살펴보면 아가미활로 턱을 만들었다는 이 고전적인 설은 중요한 사실을 잊고 있음을 깨닫게 된다. 턱 없는 척추동물들의 아가미활을 전후로 배열해보면 입에 가까운 아가미활과 뒤쪽의 아가미활은 턱이 없는 단계에서 이미 형태가 다르기 때문이다. 따라서 입에 가까운 아가미가 턱으로 바뀌었다 해도 턱으로 바뀐 부분은 애초에 아가미와 다른 것 아니냐는 지적이 성립한다.

이렇게 여러 가지 결점이 있기는 해도 턱의 유래에 아가미활 주변의 구조가 적잖이 관련된다는 이론은 확실히 들어맞는 많은 사실을 품고 있다. 강한 제약에 얽매이면서도 조상의 신체를 재료로 새로운 신체형태와 기능을 획득해나간다는 감각으로 진화의 역사를 바라보면 좋을 것이다. 무엇보다도 설계도를 변경하거나 개조하는 사태를 '역사놀이' 정도의 감각으로 즐긴다면 사실과 크게 동떨어진 이해는 아니리라 보증한다.

자, 여기서 심상치 않은 사태를 알아챘을 것이다. 앞에서 우리 인간의 이소골이 조상 동물의 턱관절 일부라는 이야기를 했다. 모루뼈와 망치뼈는 설계가 변경된 방형골과 관절골을, 즉 조상의 턱관절을 무기한으로 빌려 쓰고 있었다. 그러므로 턱관절 요소는 다시 4억 년 전까지 거슬러 올라가면 아가미활과 관련된 부분이었을 가능성이 높다. 다시 말해 아가미의 일부가 턱이 되고, 그 턱의 일부가 귓속뼈의 부품으로 바뀐 것이 아니겠는가? 요컨대 이소골의 역사를 더듬어가면 처음 기본 체제에서 호흡기관이었던 것이, 턱을 가진 물고기 단계에서 저작기관이 되고, 마지막에 포유류로 발전할 때 감각기관으로 전환되며, 약 5억 년 동안 세 가지 기능을 한 것이다.

물론 아가미활의 발생과 가운데귀(중이中耳, middle ear)의 진화사에는 잇따라 다른 의견도 생겼다. 앞으로도 꾸준히 검토한다면 해석에 커다란 변경이 생길지 모른다. 그러나 아가미와 턱과 귀가 걸어온 길이 척추동물이 설계변경을 제법 공들여 반복하며 갈팡질팡한 흔적인 것은 분명하다.

사지를 손에 넣다

손발의 탄생

이제 우리의 신체부위 하나하나가 미덥지 못한 경로로 걸어왔다는 사실을 깨달았을 것이다. 그렇다, 인체의 역사는 결코 순조롭게 입신출세하는 성공스토리가 아니다! 구조조정과 불경기의 파도에 부대끼면서 직장을 전전하며 생활비를 벌려고 떠돌아다닌다. 그런 필사적인 삶을 되풀이하며 각각의 부품이 맡은 자리에서 책임을 다한다고 보는 것이 정확할지도 모른다.

자, 이제까지는 줄곧 두부 근처의 이야기를 했으니 지금부터는 머리에서 상당히 먼 곳에 위치한 무척 중요한 장치를 다루겠다. 여러분이 길을 걷거나 사무실에서 컴퓨터를 두드릴 때마다 신세를 지는 손발의 이력을 잠시 추적해보자.

말라붙은 땅을 짱뚱어처럼 기어다니는 물고기의 형태는 상륙해서 땅 위를 걸어다니게 된 척추동물의 초기 모습에 가깝다고 한다. 아무리 생각해도 필시 손발이 없이는 불편했을 텐데, 여기서는 그런 상태에 처한 우리의 조상이 어떻게 사지를 개발했는가 하는 의문에 대답해보겠다.

사지가 만들어진 과정으로 말할 것 같으면, 턱으로 귀를 만드는 스토리만큼 명료한 시나리오는 없다. 귀의 경우처럼 가까운 곳에서 안성맞춤인 재료를 선택하기가 불가능했기에 적당한 재료를 즉석에서 돌려쓸 수가 없었다.

그러나 남겨진 화석 덕분에 사지를 완성한 과정을 어느 정도 추적할 수 있다. 시대를 거슬러 올라가면 어림잡아 대략 3억 7,000만 년 전의 이야기다. 도저히 피해갈 수 없는 당시의 동물 두 종류를 등장시키기로 하겠다. 에우스테놉테론* 과 익티오스테가**다(그림 17, 그림 18). 기록에 따르면 전자는

● *Eusthenopteron* 약 3억 8,500만 년 전인 데본기 후기에 북아메리카와 유럽에 서식했다. 몸길이는 30~120센티미터로 꼬리에 뼈가 있고 폐호흡을 했다. 머리뼈 형태는 익티오스테가, 아칸토스테가와 유사한 천장 모양이며, 코아나라는 내부 콧구멍과 표면이 에나멜질로 뒤덮인 이빨labyrinthodont을 가졌다.

●● *Ichthyostega* 약 3억 6,700만~3억 6,250만 년 전에 살았던 것으로 추정되는 그린란드 동부에서 발견된 화석동물. '덮개 같은 늑골을 가진 물고기 비슷한 생물'이라는 뜻의 학명은 그리스어의 'ichthys(물고기)'와 'stegos(덮개, 뚜껑, 지붕)'를 조합해서 만들었다. 중력으로부터 내장을 보호하기 위해 늑골이 발달했고, 꼬리에 지지대 역할을 하는 뼈가 있는 것이 특징이다.

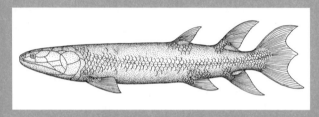

그림 17 에우스테놉테론 복원도. 4억 년에서 3억 5,000만 년쯤 전에 이러한 일부 어류에서 사지를 가진 집단이 파생했다. 척추동물이 상륙하기 직전의 모습이다 (국립과학박물관 와타나베 요시미 씨의 그림).

그림 18 익티오스테가 복원도. 사지가 확인되는 가장 오래된 동물 중 하나다. 위 그림의 에우스테놉테론에서 여기까지 이르는 '거리'는 별로 멀지 않다(국립과학 박물관 와타나베 요시미 씨의 그림).

판데리크티스,[*] 후자는 아칸토스테가[**]라는 유명한 종류와 각각 비슷하다. 또한 2006년에 화제가 된 틱타알릭[***]은 사지를 갖기 얼마 전 단계의 어류로서 그들과 거의 동시대 생물이다.

사실 상상하기 힘든 것은 최초로 사지를 갖추고 지상을 돌아다녔던 영예로운 익티오스테가가 아니라 오히려 사지가 나오기 직전의 에우스테놉테론이다. 에우스테놉테론은 그림으로 그리면 어쩐지 물고기답게 잘생긴 물고기라는 인상을 주는 근사한 생물이다. 제아무리 만반의 준비를 갖춘 상륙 직전의 특수한 동물이라고 해도 무슨 영문인지 당장은 누가 보든 그저 버젓한 물고기다. 그러나 이 에우스테놉테론

● *Panderichthys* 라트비아의 3억 8,500만 년 전 지층에서 발견된 화석. 육상생활에 적응함에 따라 몸을 움직이는 역할이 서서히 뒤쪽의 가슴지느러미에서 배지느러미로, 이윽고 전지前肢에서 후지後肢로 이행했음을 시사한다. 육상에서는 폐호흡을 했다.

●● *Acanthostega* 약 3억 6,300만 년 전에 살았던 양서류. 네 다리와 발에는 각각 여덟 개의 발가락이 있고 발꿈치나 무릎 관절은 없다. 1933년에 머리뼈의 일부분만 발견한 스웨덴의 군나르 새베 세더베리Gunnar Säve-Söderbergh와 에릭 야빅Erik Jarvik이 판상골板狀骨에 있는 뿔 모양의 돌기를 따서 '가시 갑옷'이라는 의미의 학명을 붙였다.

●●● *Tiktaalik* 약 3억 7,500만 년 전에 살았던 것으로 추정되는 고생물로, 2004년에 캐나다 북부 엘즈미어Ellesmere 섬에서 발견되었다. 학명은 이누이트어로 '얕은 물에 사는 큰 물고기'라는 뜻이다. 사지의 관절과 자유로이 움직이는 목이 발달했다. 골반과 비슷한 요골腰骨에는 배지느러미뼈 끝이 들어가는 움푹 팬 고관절이 있으며 배지느러미의 뼈는 대퇴골과 비슷하다.

95

의, 짝을 이루는 가슴지느러미와 배지느러미에는 정말이지 획기적인 장치가 내장되어 있다. 그 내부에는 하나의 축을 이루면서 방사상으로 퍼지는 훌륭한 뼈가 마련되어 있기 때문이다.

현재의 평범한 물고기 지느러미는 여러분이 살아 있는 금붕어나 구운 꽁치에서 보듯이 부채처럼 평행에 가깝게 배열된 다수의 가는 버팀목을 갖추고 있고, 거기에 부드러운 막을 친 것처럼 제작되어 있다. 그런데 에우스테놉테론 종류의 지느러미는 안에 주축이 되는 골격을 고안해서 그 골격을 축으로 여러 개의 작은 뼈가 퍼져나가는 형태로 되어 있다(그림 19). 그리고 압권은 근육이다. 배열된 뼈 사이사이를 근육이 복잡하게 주행하므로 뼈끼리의 위치를 근육으로 이동시키고 선정해 지느러미의 형태를 바꾸고 거의 지느러미 전체를 회전시킬 수 있었던 듯싶다.

이렇게 근육 덩어리로 이루어진 지느러미는 보통 물고기의 아주 얇은 부채꼴 지느러미와 달리 두툼하다. 학술용어 면에서 봐도 상당히 감각적인 명칭이 붙은 이 '육기어류肉鰭魚類, Sarcopterygii'는 우리가 상상할 수 있는 일반적 어류와는 유연관계* 상으로 동떨어진 집단으로 여겨져왔다(정확히 말해 양서류, 파충류, 포유류처럼 제대로 된 사지를 가진 척추동물 모두를 넓은

● 類緣關係 형상이나 성질 따위에 유사한 관계가 있는 생물체가 분류학적으로 얼마나 가깝고 먼지를 나타내는 관계.

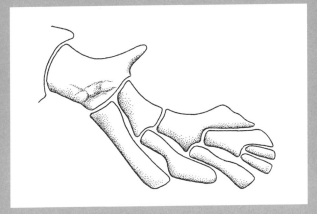

그림 19 그림 17 속 에우스테놉테론 가슴지느러미의 골격을 복원해보았다. 뼈가 주축을 이루면서 확대된다. 살아 있을 때는 이 뼈 사이에 근육이 붙어서 이후에 출현한 동물의 앞다리처럼 뼈의 운동을 미묘하게 조절했을 것이다(국립과학박물관 와타나베 요시미 씨의 그림).

의미에서는 육기어류라고 부르지만, 여기서는 편의상 어류 중에서 육질 지느러미를 가진 집단만을 육기어류라고 부르기로 한다).

결론부터 말하면, 뼈와 근육을 수반한 이 지느러미가 체중을 지탱하는 사지로 바뀌는 과정은 그다지 어려운 것은 아니었던 듯하다. 사실 옛날 육기어류의 지느러미뼈에서 아직 어깨와 허리의 구조는 거의 발생하지 않았지만, 단단한 뼈로 지느러미의 중심축만 완성했다면 그것을 버팀목으로 해서 신체를 물속에서 육상으로 끌어낼 수 있었을지도 모른다. 지느러미와 신체의 형태는 완전히 다르지만 육기어류가 아닌 어류도 짱뚱어처럼 말라붙은 물가에서 땅 위로 올라가 이동한 적이 있다. 그러한 단계를 몇천만 년 거치면 중력에 저항해 체중을 지탱하고 운동하는 사지가 육질의 지느러미에서 탄생했을 수도 있다고 생각한다.

물론 실제 에우스테놉테론은 여전히 완전한 물고기였고, 지느러미 속에 뼈가 있어도 그것으로 지상을 종종걸음 치지는 않았다. 최대 수수께끼는 완전한 어류인 에우스테놉테론에게 지느러미 내부에 복잡한 뼈와 근육을 만드는 일이 왜 필요했느냐는 점이다. 그 대답은 에우스테놉테론이 헤엄치는 방법을 직접 살펴보면 얻을 수 있을 것이다.

하지만 에우스테놉테론은 전부 멸종해 지구상에 생전의

모습을 남기지 않았다. 따라서 이 물고기의 잘 만들어진 지느러미가 대체 어떤 작용을 했는지는 눈으로 확인할 수가 없다.

기적적 발견

그러나 정말로 기적처럼, 에우스테놉테론과 비슷한 지느러미가 있는 물고기가 지금도 딱 한 종 지구상에 생존해 있다. 우리의 유일한 희망은 나와 함께 기념사진에 찍힌 기괴한 피조물이다(그림 20, 그림 21). 독자 여러분도 이름 정도는 들은 적이 있을 텐데, 바로 실러캔스coelacanth다.

실러캔스는 인도양 서부의 코모로제도Comoro Islands 근해와 인도네시아 주변이라는 지구상의 상당히 멀리 떨어진 두 곳에서 서식이 확인된다. 이름이 널리 알려져 있다고는 하나 자세히 보면 기묘하기 짝이 없는 형태를 갖고 있다. 사실 실러캔스란 이 무리를 폭넓게 가리키는 조잡한 명칭이며, 지금 살고 있는 종은 발견자 코트니 래티머Marjorie Eileen Doris Courtenay-Latimer의 이름을 따서 라티메리아 칼룸나에Latimeria chalumnae라는 훌륭한 학명을 받았다.

어쨌든 이 라틴어는 독자에게 생소할 테니 그냥 실러캔스라는 이름으로 이 물고기를 설명하겠다.

제일 먼저 실러캔스 자체가 사지를 갖추고 육지에 올라

그림 20 실러캔스 표본과 필자. 마다가스카르의 안타나나리보대학University of Antananarivo의 복도에서. 이 기묘한 물고기는 마다가스카르에서 그리 멀지 않은 코모로공화국 근해에 서식하는 것으로 알려져 있다(안타나나리보대학의 협력으로 촬영).

그림 21 그림 20 속 표본의 가슴지느러미 부분에 다가가서 본 것. 물고기의 지느러미지만 어딘지 모르게 육상동물의 앞다리를 생각나게 하는 두툼한 몸집이다(안타나나리보대학의 협력으로 촬영).

온 장본인은 아니라는 점에 주의하자. 앞서 이름이 나온 물고기 에우스테놉테론이나 물고기 사지를 만든 최초 시기의 동물 익티오스테가는 실러캔스와 직접적 인연은 없다. 사촌이라고 할까, 먼 친척이라고 할까, 비슷하긴 하나 똑같은 종류는 아닌 물고기 정도로 이해하면 적당하다. 에우스테놉테론의 직계가 아니라고 해서 실러캔스의 중요도에 흠집이 나지는 않는다. 에우스테놉테론이나 익티오스테가 같은 종류는 훨씬 옛날에 완전히 멸종해서 화석을 조사하는 이외에 연구할 방도가 없기 때문이다. 그에 비해 실러캔스는 피가 통하는 지느러미가 움직이는, 살아 있는 개체를 실제로 관찰할 수 있다.

사실 실러캔스 집단도 한동안은 에우스테놉테론과 마찬가지로 먼 옛날에 완전히 멸종했다고 여겨졌다. 학자들은 최후의 실러캔스 종류가 백악기까지 살아 있다가 공룡과 함께 멸종했다고 확신했다. 그런데 지금부터 불과 70여 년 전인 1930년대에 그 실러캔스가 살아 있다는 사실이 코모로에서 확인되어 학계에 보고되었다. 티라노사우루스*Tyrannosaurus*나 트리케라톱스*Triceratops*가 생존해 있다는 것과 다름없는, 어쩌면 그 이상으로 척추동물 연구사를 완전히 새롭게 하는 정도의 비중이었기에 그 충격은 더욱 컸다.

행성과학으로 예를 들어 말하면, 멀리서 망원경으로 볼 수밖에 없었던 토성이나 천왕성, 소행성 등의 바로 코앞에 탐사기 한 대가 도달해서 과거 100년치 분량의 발견을 뒤집어엎는 일이 실제로 있다. 화석이 돌연 되살아난 것만큼의 가치가 있었던 실러캔스의 발견은 그 정도로 획기적인 사건이었던 것이다.

또다시 설계변경과 착각

이렇게 등장한 실러캔스. 날갯죽지처럼 보이는 그 뼈 있는 지느러미의 기능은 이후에 실러캔스가 헤엄치는 모습에 대한 관찰을 거치면서 척추동물에 달린 사지의 기원에 관한 중요한 아이디어를 낳는다. 잠수정에서 촬영된 살아 있는 실러캔스의 동영상은 그들이 뼈 있는 지느러미를 능숙하게 조종해서 민첩하게 운동을 제어하는 모습을 보여준 것이다. 유속이 있는 바닷속에 떠 있는 것을 호버링hovering(중층체류, 수중 정지)이라고 표현하는데, 지느러미를 복잡하게 회전시켜서 자세를 유지하거나 정지하며 매우 빠른 속도로 섬세한 이동을 반복한다.

앞에서 전적응이라는 말을 잠시 소개한 바 있다. 실러캔스가 헤엄치는 모습에는 실로 이 말이 적절하다. 상상컨대 에우스테놉테론은 마치 코모로의 실러캔스가 자랑스레 보여 줬듯 뼈 있는 지느러미를 민첩하게 움직여 수중에서 다른 물고기는 하지 못하는, 자세를 제어하는 정교한 동작으로 헤엄쳤을 것이다. 그러한 능숙하고 특수한 헤엄이 먹이를 잡거나 적으로부터 몸을 숨길 때 유용했을지 모른다. 뼈 있는 지느러미가 설사 육지를 걷는 사지로 마침내 완벽하게 진화하지는 않았더라도 물속에서 충분히 의미 있는 기능을 했으리라고 추측된다.

이 또한 설계변경과 착각의 결과다. 4억 년 전의 어류가 모두 육지 위의 새로운 개척자가 되는 것을 목표로 뼈 있는 지느러미를 개발한 것은 아니다. 물속에서는 다소 정교한 운동이 요구되므로 그에 맞춘 해답이 마침 에우스테놉테론류, 즉 뼈가 붙어 있는 육기어류의 정교한 지느러미였던 것, 단지 그뿐이었을지도 모른다. 하지만 뼈 있는 지느러미는 몇천만 년 앞서 사지라는 엄청난 가능성을 가진 이후의 장치를 아주 용이하게 개발할 수 있게 해준 마법의 부위였다. 에우스테놉테론이 어딘가의 물속에서 약간 기묘한 지느러미를 개발했을 때 그들의 자손은 육지를 걷는다는 찬란한 미래를 약속받았다. 유영하는 호버링용 지느러미의 설계도를 그려보았더니 생각과는 딴판으로 육지의 패권을 쥔 사지의 초기 모습에 도달한 셈이다.

고대의 척추동물이 지느러미를 사지로 개조한 방법에 관한 연구가 1990년대부터 분자발생학적으로 추진되었다. 주요한 방법은 팔과 손목과 손바닥을 만드는 유전자를 찾는 것이다. 가령 1990년대 중반에는 쥐를 이용해서 사지의 진화에 관여한다고 의심되는 특정 유전자의 기능을 실험적으로 저지해 실제로 팔뼈가 형성되지 않는다는 사실을 증명하는 기법이 기본적이고도 교과서적인 연구방법이었다.

발생학 데이터는 고생물학의 증거가 분자생물학과 연결되는 참으로 즐거운 세계다. 실제로 유전자의 기능이라는 관점에서 살피면 사지의 진화에 관한 실태가 상당히 명료하게 보인다.

우리 같은 동물학자는 동물의 시체를 통해 눈과 손으로 새로운 사실을 발견하는 데 인생의 의의를 둔다. 핀셋과 칼로 시체에 도전하는 인간이 분자발생학의 새로운 데이터를 접할 때 느끼는 감동은 표준적인 분자발생학자보다 더 격하리라 확신한다. 우리는 시체를 똑똑히 확인하고 어떤 형태인지를 직접 눈으로 보고 손으로 만지며 알아가는 것에 목숨을 걸기 때문이다. 온몸과 마음으로 느껴온 신체형태의 분자발생학적 이론 기반이 구축되는 모습을 보았을 때 분명 해부하는 사람만이 느낄 수 있는 일종의 독특한 희열이 있다.

자, 이쯤에서 일단 사지에 관한 설명을 일단락 짓기로 하자. 여기서 마지막으로 여러분의 신체가 얼마나 값싼 설계변경의 산물인지를 다시금 명심하는 것도 헛되지 않으리라. 해님을 향해 팔이라도 치켜들어보기를 권한다. 여러분의 팔은 우여곡절이 있었을지언정 4억 년 전쯤에 어쩌다가 지구 어딘가의 물에서 기어올라왔던 기괴한 물고기의 두툼한 지느러미 속에 생긴 작은 뼈 부위였다. 결코 주도면밀하게 도면을 그려가며 채비한 것은 아니었다.

배꼽의 시작

거북의 배꼽

인간에게는 죽을 때까지 배꼽이 있다. 100세 노인의 시신에도 아득한 옛날에 어머니의 태내에서 자랐다는 사실을 증명하듯이 똑똑히 배꼽이 남아 있다. 배꼽이란 말을 들으면 역시 낳아준 '어머니'가 떠오르기 마련이다. 배꼽은 임신해 아기를 기르는 포유류의 상징, 혹은 모성을 생각나게 하는 상징 같은 좀 어설픈 존재다.

그런데 사실은 정말로 기묘하다. 배꼽은 우리 포유류의 전 매특허가 아니다. 거북에게도 멋진 배꼽이 있다(그림 22). 바로 말하면 파충류도, 조류도 모두 배꼽을 갖고 있다. 초등학교, 중학교 시절의 과학 과목 우등생이라면 여기서 혼란에 빠질지도 모른다. 파충류와 조류는 난생卵生, oviparity, 즉 알에서 태어나므로 새끼와 어미 사이에 결코 탯줄이 연결되었을 리가 없다. 그런데도 태어난 거북에게 배꼽이 있다니 도무지 이해할 수가 없을 것이다.

그러나 척추동물의 역사를 더듬어가면 의외로 명확한 답이 보인다. 배꼽이란 원래 임신하는, 다시 말해서 태생胎生, viviparity인 동물이 성립하기 이전부터 있었다. 새끼 거북 사진을 다시 한번 보기 바란다. 우리 포유류 아기의 탯줄이 전기코드처럼 가늘고 긴 관인 것은 익히 알겠지만 사진에 찍힌 이 거북의 배꼽 부분에 연결되어 있는 것은 그런대로 크고 꽤 말랑말랑한 주머니다. 비밀을 밝히면 이 주머니의 정체는 난황낭yolk sac이다. 어려운 말이 싫으면 그냥 알의 노른자라고 생각해도 지장 없다. 말하자면 거북, 도마뱀, 닭, 비둘기 새끼의 배꼽은 어미가 아니라 알의 노른자에 이어져 있다.

여기서 여러분의 상식이랄까, 감성을 전환해주길 바란다. 안타깝게도 배꼽의 상대는 언제나 자상한 '어머니'가 아니

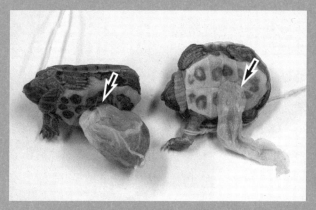

그림 22 아직 등딱지의 길이가 4센티미터가량에 불과한 새끼 거북. 등딱지 뒤에 멋진 '배꼽'이 보인다(화살표). 배꼽에서 자라는 부분은 말랑말랑한 주머니로 마치 찌부러진 고무풍선 같다. 이 새끼 거북들은 예전에 도쿄수산대학의 학생으로 거북의 발생을 연구했던 야쿠오 노리카桑王紀彦 씨가 고생해서 수집한 것이다.

다. 척추동물에게 배꼽이 연결된 곳은 어디까지나 알의 노른자다. 우리 포유류처럼 어머니의 자궁과 단단히 연결되는 코드는 애초에 탯줄의 설계도에 그려져 있지 않았다는 말이다.

탯줄을 보고 어머니의 애정에 감동하는 건 인간이 만들어낸 모성에 대한 깊은 향수 같은 것이다. 동물이 살기 위한 전략으로 보면 새끼만 무사히 자라면 되지 배꼽이 연결된 상대가 구태여 다정한 어머니일 필요는 없다. 거북이나 도마뱀을 생각해보면, 어미가 낳은 알은 어미와는 분명 별개다. 알로서 외부세계에 방출되었으면 나머지는 어미의 생애가 아니라 어디까지나 새끼의 일생이다. 따라서 새끼는 자라기 위한 영양의 거의 전부를 알껍데기 속에 독자적으로 마련한다. 그것이 난황낭이다. 여담이지만 알 속의 새끼는 노폐물을 배출하면서 산다. 신체가 성장하려면 단백질 대사가 필수이므로 질소가 함유된 암모니아와 요소尿素가 불필요한 산물로서 생겨난다. 새끼가 이 불필요한 물질들을 버리는 곳이 난황낭 옆에 만들어진 요낭尿囊, allantoic bladder(요막이 자루 모양으로 늘어난 것)이라는 주머니다.

이 난황낭과 요낭을 새끼와 연결하는 것이 바로 배꼽의 기원이라 할 수 있다. 구체적으로 난황낭과 요낭과 새끼를 잇는 것은 혈관, 즉 동맥과 정맥이다. 동맥과 정맥이 쌍으로 두꺼운 송전선처럼 뻗은 것이 탯줄이다. 그것을 자르면 복부에 배꼽으로 남는다. 배꼽이란 다름 아니라 영양과 노폐물을 넣어두는 주머니가 새끼에게 이어져 있는 관을 가리킨다.

공전의 설계변경

그런데 무슨 생각이었는지 우리의 먼 조상이 이 구조에 주목했다. 역사 연표를 거슬러 올라간다면 2억 년 전쯤이려나. 새끼를 알로 낳으면 아무래도 강한 적의 먹이가 될 테고, 무사히 자랄 가능성도 낮다. 그래서 어느 정도 굳건히 성장할 때까지 알을 체내에 두려는 개체가 나타났다. 물론 그리되면 어미가 태아에게 충분한 영양과 산소를 보내고 반대로 태아가 어미에게 쓰레기를 돌려보내는 '생명줄'이 필요하다.

이제 슬슬 익숙해졌겠지만 여기서 포유류가 착수한 일은 그 생명줄을 완전히 새롭게 설계하는 것이 아니었다. 대신 가까이 존재하는 부위에 대해 또다시 공전의 설계변경을 하기 시작했다. 포유류의 조상이 눈여겨본 것은 바로 알 속에서 새끼를 자율적으로 키워온 난황낭과 요낭이었다. 포유류는 우선 알의 난황낭과 요낭을 필요한 만큼 최소한으로 퇴화시켰다. 그리고 원래 영양원을 공급했던 난황 대신 태반이라는 놀랍도록 교묘한 장치를 억지로 연결했다(그림 23). 난황을 대신할 어미의 자궁벽에 꽂을, 이른바 전기코드 플러그에 상당하는 장치로서 태반을 마련한 것이다.

그러니까 임신 혹은 태생이라는 경이적인 구조에서 포유류가 새로이 개발한 장치는 알고 보니 자궁이랄까 태반 정도다. 난황낭과 요낭이 생기고 그것이 독창적인 배꼽으로 새끼와 연결된 단계에서 기본 설계는 80퍼센트쯤 완료된다. 이제 불필요한 난황만 퇴출하면 임신은 성립한다.

분명 태반을 발명하는 것은 그 나름대로 큰일이었을 것이다. 태반은 새끼의 조직과 세포가 어미의 자궁에 있는 조직과 세포와 복잡하게 서로 섞이는 '연결기'다. 양자의 혈액과 조직을 칸막이벽 한 장을 사이에 두고 서로 맞닿게 해서 산소와 영양, 노폐물을 주고받는다. 어미와 새끼라고는 하나 다른 유전학적 기반을 가진 세포가 서로 섞이고, 한시도 쉬지 않고 물질을 주고받으므로 교묘한 장치다. 하지만 생명줄로서의 배꼽 자체가 파충류 단계에서 대강 확립되었다고 생각하면 이 역시도 그저 기존 장치에 대한 대수롭지 않은 설계 변경의 산물이고, 결국은 난황을 모체로 바꿨을 뿐이다.

물론 완전한 태생을 획득하기 위해 삶은 달걀 껍데기같이 무용지물인 칼슘 껍데기를 소멸시키는 것쯤이야 진화의 역사 속에서는 식은 죽 먹기였을 것이다. 하여간 이렇게 생겨난

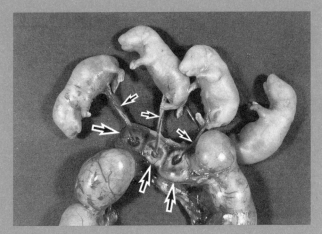

그림 23 쥐(시궁쥐)의 태아와 태반(큰 화살표). 태반은 자궁 안쪽 벽에 형성되고 양자를 잇는 것이 탯줄(작은 화살표)이다. 원래 난황으로 뻗어 있던 탯줄이 상대를 바꿔서 태반이라는 어미의 자궁벽에 생기는 장치로 연결되었다[졸저, 『포유류의 진화』(도쿄대학출판회)에서 옮겨 실음].

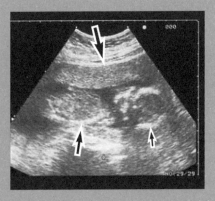

그림 24 큰딸이 자궁 안에 있었을 때의 초음파 영상. 머리부터 엉덩이까지의 길이가 아직 20센티미터 정도일 때다. 작은 화살표 부분이 얼굴이며, 아무래도 독자 여러분을 보고 있는 모양이다. 중간 크기의 화살표가 몸통 부분을, 큰 화살표가 태반 주변을 가리킨다.

설계변경의 산물은 우리 아기를 건강하게 완성시켰다(그림 24). 배꼽에 경의를 표한다. 설사 그것이 거북 알에서도 볼 수 있는 하찮은 혈관의 서글픈 결말일지라도.

개조품의 걸작

여기서 배꼽을 만드는 것과 관련된 사건에 대해 조금 보충하고 싶다. 연대를 거슬러 올라가 대략 3억 년 전 알에게 일어난 혁명적 진보에 관해 설명하겠다.

우선은 평범한 어류와 양서류의 알을 상상해보자. 대부분 그들은 마구잡이로 물속에 알을 낳는다. 즉 알은 줄곧 물속에 놓여 있다. 반대로 말하면 그들의 알은 건조한 환경을 염두에 두지 않았다. 하지만 파충류 이후의 척추동물은 전 생애를 수중생활로부터 분리하는 데 성공한 무리다. 별반 의식하지 않았을지도 모르나 파충류의 알이든 조류의 알이든 통째로 물에 담가두지 않아도 멀쩡히 새끼가 태어난다는 점은 물고기의 알과 크게 차이가 나는 부분이다.

알의 입장에서 보면, 새끼가 극복해야 할 건조한 환경이라는 장애물은 대단히 높았던 듯하다. 그들이 마침내 고심해서 고안해낸 방책은 양막¥膜, amnion이라는 주머니다. 새끼를 둘러싸고 있는 양막 안에서 어느 정도 클 때까지 발육시킴으로서 태아기를 물에서부터 분리했다. 알을 둘러싼 환경이 물바다가 아니더라도 애지중지하는 새끼를 물주머니 속에 넣어두면 새끼가 말라서 죽는 일을 방지할 수 있다. 배꼽을 생성하는 과정에서 척추동물은 양막을 이용해 새끼를 물이 찬 방에 가두는 변혁을 거친다. 동물의 전 생애를 물로부터 분리하고, 건조를 견딜 수 있는 알로 바꿔나가는 역사의 흐름이 배꼽 성립의 전제조건이었다고 할 수 있다.

새끼가 주역으로 급부상하기 직전에 여기서 잠깐 유선乳腺, mammary gland, 즉 젖샘에 관해 알아보고 넘어가자. 젖샘의 기원을 우리는 오리너구리Ornithorhynchus anatinus와 짧은코가시두더지Tachyglossus aculeatus라는 기묘한 동물들에게서 찾는다(그림 25). 초등학교 과학 시간에 배웠을지도 모르나 오스트레일리아와 뉴기니에 사는 이 기묘한 동물들은 현재 살아 있는 포유류로서는 가장 원시적인 부류다. 포유류임에도 알을 낳는다. 그리고 부화한 새끼는 꽤 원시적인 젖샘에 달라붙어서 자란다. 실은 이 젖샘 또한 가벼이 여길 수 없는 개조품의 걸작이다. 그들이 재료로 선택한 것은 조상이 땀을 분비하던 땀샘, 즉 한선汗腺, sweat gland이다.

원래 땀샘은 주위에 가느다란 혈관을 많이 배치해 혈액 속의 노폐물을 땀으로 배출하기 위한 장치다. 여기서 땀샘의

그림 25 바늘두더지라고도 하는 짧은코가시두더지의 연구용 박제 표본. 오스트
레일리아와 뉴기니에서 조용히 사는 무리다. 속세를 떠난 듯한 재미있는 외모와
는 정반대로 땀샘을 설계변경해서 젖을 분비하는 젖샘을 만드는 기발한 재주를
부렸다(국립과학박물관 소장 표본).

설계계획을 살짝 변경해 피부 표면에서 노폐물 대신 영양분이 분비되도록 해서 새끼에게 먹이면 이미 젖샘은 완성이다. 영양분을 분비하기 위한 새로운 기계를 전매특허로 고안할 필요는 전혀 없다. 실제로 오리너구리는 매우 간단하게 젖샘의 원형을 개발했다. 너무나 단순한 그 구조는 쥐나 개나 인간에게서 볼 수 있는, 영양이 풍부한 젖을 대량으로 생산하는 우수한 젖샘의 제작과는 아직 차이가 있다고 할 수 있다. 그러나 익히 알다시피 조상의 구조를 빌려서 새로운 기능을 창출하는 일은 척추동물에게는 예사다. 이제 독자 여러분도 진화가 그 정도로 즉흥적이라는 사실에 완전히 익숙해졌을 것이다.

공기를 마시기 위해

좌우대칭을 무너뜨리다

반복해서 마구잡이로 개조되는 우리의 신체. 이제 만날 주인공은 학교나 직장에서 받는 정기 건강검진 때마다 엑스레이 사진을 찍는 그 폐다. 일단은 실물을 건조한 돼지 표본으로 살펴보겠다. 우선 심장이 잘 보이는 쪽부터 보자(그림 26). 이

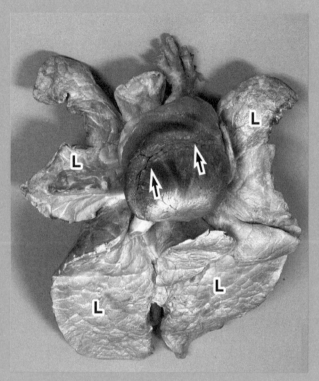

그림 26 실물 크기인 돼지의 흉부 장기를 심장 쪽에서 보았다. 심장에는 동맥이 타고 뻗어 있는 홈(화살표)이 비스듬히 나 있고 좌우대칭성은 전혀 찾아볼 수 없다. 여러 개의 폐엽(L)도 좌우비대칭이고 심장을 둘러싸고 있는 듯이 보인다. 이 것은 실제 장기를 말려서 만든 표본이다(니혼대학 생물자원과학부 기무라 준페이木村順平 박사의 협력으로 촬영).

각도는 마치 살아 있는 돼지의 흉부를 지면에서 올려다본 느낌이다. 돼지의 장기가 눈에 익은 독자가 드물 테니 신기한 느낌이 앞설지도 모르나 진화가 설계변경이라는 이번 장의 주제에 비춰보면 실로 함축성이 두드러진 구도다. 심장도 폐도 상당히 좌우비대칭으로 보이지 않는가?

이 모습을 보고 넙치가 떠오른다면 생각이 짧은 독자다. 아무리 사정이 있어도 척추동물은 보통 겉모습은 좌우대칭이라고, 고등학교에서도 분명 그렇게 배웠을 것이다. 확실히 척추동물도 초기에는 겉부터 속까지 꽤 반듯한 좌우대칭이었다. 현재 생존해 있는 동물 중에서 찾는다면 상어류 대다수가 불완전할지언정 신체의 중심을 지나는 면, 이른바 정중앙에서 잘랐을 때 신체가 거의 반반씩 대칭을 이룬다. 1장에서 언급한 창고기나 피카이아 같은 원삭동물의 경우는 더더욱 완전한 좌우대칭이다. 그러나 사실 척추동물의 대부분은 설계변경과 개조를 반복한 나머지 한 꺼풀 벗기면 엉망진창이라고 해도 좋을 만큼 좌우비대칭인 신체를 갖게 되었다. 그 전형이 포유류 같은 고등한 척추동물의 흉부 장기다.

초등학교, 중학교 이후로 여러분은 심장이 좌우로 나뉜 총네 개의 방을 갖고 있다고 배웠겠지만 실제로 심장이 좌우로 대등하게 분할되어 있다는 의미는 아니다(그림 26). 마치 크고 힘 있는 좌심계에 들어 있는 것처럼 우심계가 얇게 자리한다. 이 각도에서 보면 비스듬히 관상구管狀溝, Coronary sulcus라 불리는 홈이 나 있고 거기를 타고 동맥이 뻗어 있는데, 이 홈을 경계로 심장의 좌우가 대충 나뉜다. 즉 심장은 좌우로 깔끔하게 나뉜 것이 아니라 단순한 스케치처럼 비스듬히 찌부러진 형태로 설계되어 있다. 이 각도에서 보면 폐의 형태가 좌우로 크게 다른 것을 금방 알 수 있다. 폐는 폐엽*이라는 나뭇잎 같은 모양의 여러 부분으로 나뉘는데 이 폐엽의 수, 형태, 크기는 좌우가 전혀 다르다.

이번엔 시선을 등 쪽으로 돌려보자(그림 27). 심장의 좌심실에서 기시起始하는, 즉 시작하는 대동맥은 심장 자체가 비스듬히 끌어당기고 있어 처음부터 매우 삐뚜로 치우쳐 있다. 또 경부와 앞다리 영역에, 역시나 좌우가 고르지 않은 형태의 동맥이 마구 가지를 뻗은 신체의 나머지 좌측을 타고 뻗어나가 뒤쪽으로 가는 것이 보이는가? 우리 포유류의 신체는 왜 이다지도 좌우의 균형을 흐트러뜨려야 하는 것일까?

물론 척추동물의 5억 년 역사 속에서 좌우대칭성을 무너뜨린 사건은 심장 이외에도 무수히 많으리라. 하지만 폐와

● 肺葉, lobes of the lung 오른쪽 폐는 위에서 순서대로 우상엽·우중엽·우하엽으로, 왼쪽 폐는 약간 작아서 좌상엽·좌하엽으로 이루어져 있다. 왼쪽 폐에 중엽이 없는 이유는 좌우의 폐를 가로막는 세로칸에 있는 심장이 체간體幹의 중심보다도 왼쪽으로 치우쳐 있는 만큼 공간이 작기 때문이다.

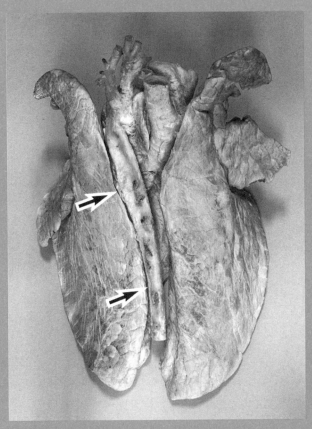

그림 27 그림 26의 장기를 돼지의 등 쪽에서 보았다. 대동맥(화살표)이 신체의 왼쪽으로 뻗어 있다. 조상의 동맥을 왼쪽만 채택해서 만든 것이다(니혼대학 생물 자원과학부 기무라 준페이 박사의 협력으로 촬영).

심장의 이 불균형한 형태는 너무나도 직접적으로 역사를 말해준다는 느낌이다. 실제로 척추동물이 산소를 섭취하고 혈액을 흐르게 하기 위한 작전은 신체의 좌우대칭성을 파괴하고 누덕누덕 기우며 개량에 개량을 거듭한 것이다. 이상하다고도 할 수 있는 좌우비대칭적 설계변경이다.

여기서 잠깐 폐를 예로 들어 우리의 신체를 뒤죽박죽으로 재배치한 과정을 살펴보자.

골칫거리 폐

폐의 기원과 관련해 아마도 초등학교, 중학교에서 부레라는 말을 들었을 것이다.

부레 자체는 물고기의 비중조절장치다. 부레에 공기를 넣으면 물고기는 쉽게 뜨고, 공기를 빼면 쉽게 가라앉는다. 사실 물고기가 물 위로 떠올랐다 아래로 잠겼다 하는 데는 공기를 넣었다 뺐다 하는 이런 번거로운 방법보다 지느러미로 헤엄쳐서 수면이나 물밑으로 가는 방법이 빠르지만, 하여간 이 장치로 비중을 변화시키는 의의는 적지 않다. 공기를 넣었다 뺐다 하는 기능은 부레 주위에 분포하는 혈관이 담당한다. 눈치 빠른 독자는 알아차렸을 텐데, 혈류를 이용해 공기를 넣었다 뺐다 하는 것 자체가 이미 이후 육상동물의 폐와 거의 같은 개념을 충족한다.

좀 전에 땀샘 이야기에서 언급했다시피 노폐물을 혈류로부터 피부 표면으로 배출하는 기능은 영양분을 체외로 분비하는 젖샘과 본질적으로는 같은 작용이다. 굳이 전문용어를 쓰자면 전적응이다. 부레는 비중조절이라는 전혀 다른 역할을 하기는 하지만 혈액 속의 가스를 넣었다 뺐다 한다는 의미에서는 폐를 개발하는 전적응 단계에 있다고 할 수 있다. 실제로 부레를 이용해 일정 정도 가스호흡을 하는 물고기가 드물지 않다.

그러나 대다수 어류의 경우 호흡, 다시 말해 산소를 혈액 속에 흡수하는 책임은 압도적으로 아가미에 주어져 있다. 아가미 자체는 물고기의 심장 앞쪽, 두부의 바로 뒤라고 해도 무방한 장소에 위치한다. 식탁에 놓인 꽁치나 전갱이건, 어항속 금붕어나 네온테트라˚건 아가미뚜껑이 있는 곳은 잘 보일 테니 아가미가 신체의 상당히 앞쪽에서 호흡기관 역할을 한다는 사실은 이해가 갈 것이다. 입에서 아가미로 물을 흘려보내는 한 어류는 산소를 물에서부터 혈액 속으로 무진장 섭취할 수 있다.

여기서 동물도감이나 애완동물 가게에서 볼 수 있는, 약

● neon tetra　1936년에 프랑스의 M. 라보가 발견한 관상어로 남아메리카의 아마존강 상류가 원산지다. 눈에서 꼬리까지 푸른 색 선이 있으며 꼬리 복면의 짙은 홍색이 네온과 비슷하다. 학명은 *Hyphessobrycon innesi*다.

간 색다른 어류인 폐어[**]가 등장한다. 폐어도 오늘날에는 희귀한 육기어류의 무리다. 단, 에우스테놉테론과는 진화적으로 다른 집단이다. 폐어는 지느러미를 아무리 봐도 사지의 기원이 될 법한 뼈가 발견되지 않으며, 실러캔스처럼 민첩하게 지느러미를 움직여서 자세를 제어하는 물고기도 아니다. 다만 보통의 어류에 비하면 크기는 작아도 확실히 근육질의 지느러미가 있다는 것을 외모에서부터 엿볼 수 있다. 지금도 살아 있는 육기어류 물고기는 실러캔스를 제외하면 이 폐어들뿐이다.

폐어 중에는 극심하게 건조한 지역에 서식하는 종류가 있다. 그들은 계절에 따라서는 물이 말라붙은 곳에서 생존해야 한다. 아가미는 산소가 용해된 물만 있으면 무적의 호흡장치지만 물이 바싹 마르면 첫발부터 무용지물이다. 그래서 폐어는 차선책으로 부레에 의지한다.

원래 비중조절에 이용했던 부레를 폐어는 본격적인 호흡장치로 선발했다. 사실 부레는 소화관 부근에서 탱글탱글하

●● 肺魚, lungfish 　고생대 중기에서 중생대에 걸쳐 번성했다. 부레가 폐와 흡사한 구조로 분화해 공기호흡을 해서 붙은 이름이다. 어류와 고등척추동물의 진화를 연구하는 데 중요한 살아 있는 화석 격의 생물이다. 척추에 추체椎體가 없으며, 뱀장어 모양의 몸통에 등지느러미와 뒷지느러미, 꼬리지느러미가 하나로 연결되어 있다. 가슴지느러미와 배지느러미는 채찍 모양이며 피부는 작은 비늘로 덮여 있다. 후각에 의존해 작은 물고기나 갑각류를 잡아먹는다. 용존산소가 충분할 때는 아가미 호흡을, 건기에는 진흙에 굴을 파고 부레로 공기호흡을 하며 휴면한다. 학명은 *Protopterus annectens*다.

게 부풀어 오르는 부드러운 주머니로 유명하다. 입으로 직접 들어온 기체상태의 산소를 이 주머니에 가두고, 혈류 속에 그 산소를 투과시킨 것이다.

오해가 없도록 지적하면 폐어 자신이 땅 위를 걷기 시작해서 우리의 조상이 된 것은 아니다. 또한 태고의 폐어는 현재의 폐어와는 모습도 상당히 다르고, 말라붙은 하천이 아니라 바다에 살았다고 한다. 이미 말했다시피 같은 육기어류 중에서도 폐어와는 다르되 에우스테놉테론에 그리 멀지 않은 그룹에서부터 육상생활이 시작되었으리라고 생각하는 것이 합당하다. 필시 폐어처럼 물고기면서 아가미를 쓸 수 없는 상황에 몰린 무리가 부레를 폐로 이용하는 혁명적인 기능의 변환을 일으켰을 것이다.

폐어의 폐는 대강 말해 장치 자체는 부레 단계와 그다지 변함이 없다. 어디까지나 공기를 저장하는 풍선에 혈관이 달라붙은 구조다. 이것으로는 가스교환의 효율이 별로 높지 않다. 따라서 부레는 점차 공기와 혈액이 벽 하나를 두고 인접해 있는 부분의 면적이 넓어지는 방향으로 개량된다. 개구리의 폐는 구멍이 숭숭 뚫려 있지만 뱀과 도마뱀은 성긴 수세미처럼 공기주머니의 구석구석에 혈관이 뻗어 있다. 그리고 포유류의 폐는 현미경으로나 확인할 수 있는 아주 작은 크기의, 포도송이 같은 공기의 맹단盲端(끝이 막혀 있는 것)을 무수히 만들고 주위에 적혈구가 한두 개 통과할 정도의 모세혈관을 배치하고 있다. 앞서 보았던 돼지의 폐는 이렇게 생긴 흠잡을 데 없는 완성품이다. 물고기의 심장 약간 뒤에 있던 공기주머니가 여기까지 진화한 것이다. 물고기 종류가 무척이나 다양한 만큼 이 역사 이야기에는 여전히 이견이 남아 있으나, 부레 같은 장치에서 폐를 획득한 순서가 대강은 보인다고 할 수 있다.

좌우 따로따로인 신체

그런데 곤란하게도 폐의 기능이 향상되자 이번에는 폐를 이용해서 가스를 교환하기 위해 전문화한 또 다른 피의 흐름이 필요해졌다.

아가미를 이용하면, 온몸을 돌아와서 산소가 부족한 혈액을 심장이 전부 받아 재차 아가미를 통해 온몸에 오롯이 보낸다. 그렇게 산소가 풍부한 피가 온몸을 돈다. 심장도 하나, 아가미도 한 덩어리. 이 상태에서 좌우대칭성을 무너뜨릴 하등의 이유가 없다. 즉 피카이아와 창고기가 예상했던 아가미라는 호흡기관은 애초에 몸 전체를 순환하는 혈액이 반드시 통과하는 장소에 위치했던 것이다. 척추동물의 최초의 설계는 그만큼 아름답고 단순했다.

그러나 부레의 발전은 그 단순하고 아름다운 척추동물의 좌우대칭 설계도에 미증유의 위협으로 작용했다. 부레는 원래 신체의 일개 기관이었지, 가스를 교환해 혈액에 풍부한 산소를 제공하는 공급원으로 설계되지 않았다. 계속 좌우대칭 부레인 채로는 몸 전체를 순환하는 혈액의 일부밖에 흐르지 않는 다. 만일 이것이 그대로 폐로 진화하면 탄산가스에 절어 있는 혈액을 빠짐없이 산소에 노출시키므로 조만간 가스를 교환하는 목적을 달성할 수 없게 될 것이 뻔했다.

이 요구를 충족시키기 위해 생긴 것이 우측의 심장이다. 부레, 다시 말해 폐만을 위해 독립된 펌프를 추가하고 산소가 바닥난 모든 혈액이 몸 전체의 순환으로부터 격리되어 여기로 흘러든다. 그러한 경위로 보아 우심계는 좌심계에 세든 작은 시스템에 불과하다.

가능하면 폐의 순환만을 위한 또 다른 심장을 별도로 만드는 편이 오히려 나았을지도 모르지만 우리의 조상님은 이번에도 기존의 아가미 뒤쪽에 있던 심장을 빌린다. 발생한 심장의 근육을 좌심과 우심으로 나누는 동시에 부레로 가던 혈관을, 그 기능을 충족시키는 수준까지 굵고 튼튼하게 개조해야 했다.

1장에서 언급했듯이 원삭동물 혹은 척추동물의 최초 설계도에서 심장에서 보낸 혈액은 아가미를 지나면서 등을 향해 U자 모양으로 되돌아간다. 그리고 온몸에 혈액을 좌우대칭으로 공급하는 경로가 만들어졌다. 반대로 전신의 혈액이 돌아오는 정맥에도 아름다운 대칭성이 성립한다. 그러나 아가미가 없어지고 폐가 생기면서 심장이 비대칭이 된다. 또한 좌심계에서 나온 대동맥은 조상 때 좌우대칭의 아가미를 통해서 등으로 되돌아갔던 동맥의 한쪽만을 편리하게 이용하게 되었다. 돼지 표본에서 보았듯이 마침내 신체의 좌측으로만 혈액이 지나게 된 것이다(앞의 그림 27 참조).

부레를 폐라는 주요한 가스교환 장치로 격상시킨 것을 계기로 신체는 심장을 좌우비대칭으로, 동시에 혈관도 비대칭으로 만들어야 했다. 그리고 좀더 깔끔한 대칭형이었어도 좋았을 폐까지도 좌우 따로따로인 도면으로 완성했다.

여기서도 중요한 것은 심장이든 폐든 물에서 올라온 사건에 맞춰 백지상태에서 재설계하지는 않았다는 점이다. 부레로 모든 혈액이 되돌아오게 하려는 고안처럼 우심을 추가하고, 기본 설계에 있었던 좌우대칭의 동맥과 정맥을 편리하게 좌우 따로따로 채택해서 혈류가 흐르는 길을 확보했다.

새로이 짊어진 골칫거리인 폐를 어떻게 처리해야 하나, 그

질문에 대한 대답이 미적 디자인상으로는 불가해할 만큼 좌우 따로따로인 신체의 완성이라고 할 수 있다. 인간과 포유류의 시체에서 내장의 배치를 보면 마치 궁지에 몰려서 다급하게 한 것 같은 무계획적 설계변경이다.

'다행이야, 이젠 살 수 있어!'

농담 반 진담 반이긴 하지만 시체를 보는 나의 솔직한 감상이다.

사실 순환계의 좌우대칭성을 혼란시키는 요인으로는 그밖에도 비장을 비롯한 여러 가지 장기와 기관의 동정動靜을 말해야 한다. 흉부라는 부위와 가스교환이라는 특정 기능에 착안하면 횡격막橫隔膜, diaphragm(가로막이라고도 함)의 진화도 건너뛸 수 없을 만큼 중요한 내용이다. 하지만 지면이 제한되어 있으니 다음 단계에서 배우기로 하고 나도 그런 기회가 오기를 기대하겠다. 거듭 말하면 이 정도의 좌우대칭성을 정하거나 무너뜨리는 구조가 어떤 유전자의 어떤 작용으로 결정되는지는 조속한 시일 내에 밝혀질 것이다. 하지만 유전자 언어로 신체의 역사성을 말하는 것은 신체의 역사를 밝히는 작업의 절반에 불과하다고 할 수 있다. 완성될 신체의 기능을 해명하는 작업을 포함해서 나머지 절반은 실제로 직접 시체를 봐야만 밝혀지는 내용이다.

하늘을 손바닥 안에

'날개를 주세요', '날개가 부러진 천사', '날개는 없어도', '날개를 펼치고', '날개 없는 천사', '날개를 잃어버린 천사들', '날개 있는 것', '훨훨 날갯짓하며', '날개 있는 소년', '날개가 없어도', '날개의 계획'…….

CD 판매점에서 노래 제목만 살펴봐도 작사가가 소중히 여기는 '날개'의 모양이 보인다. 날개라는 존재는 어차피 땅을 걸을 수밖에 없는 우리 인간이 동경하는 꿈과 희망으로 가득한 세계의 상징이며, 그렇기에 반대로 잃어버렸을 때는 슬픔과 감상을 자아내는 대상이다. 살아 있는 육신으로는 결코 하늘을 날 수 없는 우리 인간에게 하늘을 나는 도구는 충분히 예찬할 만한 존재다. 날개라는 말은 동서고금을 불문하고 단순히 새와 비행기의 장치를 가리키는 것 이상으로 손이 닿지 않는 세계에 대한 동경으로 이어진다.

우리 신체의 역사를 돌이켜본 이번 장에서는 끝으로 인간이 날개에 품는 빛나는 마음을 소중히 여기며 날개에 대한 논의를 하겠다. 우리의 신체에 존재하지 않는 장치를 말하는 것은 이제까지의 이야기와 모순이다 싶을지도 모르지만 실

그림 28 조류의 앞다리뼈. 날개를 만들기 위해 앞다리를 철저히 개조했다. 이것은 신천옹信天翁 또는 알바트로스*Phoebastria albatrus*라고도 하는 새의 표본이다(국립과학박물관 소장 표본).

은 그렇지 않다. 이번 장을 다 읽을 때면 우리 인간이 날개의 모든 것을 똑똑히 갖고 있으며 하늘을 나는 동물과 하등 다름이 없는 부위를 얻었다는 것을 깨달을 테니까.

우선 비행의 상징이기도 한 새의 날개를 발가벗겨보겠다 (그림 28). 새의 날개는 척추동물의 앞다리를 변형한 것이다. 어깨에 관해서는 1장에서도 다루었으나 위의 표본처럼 새의 앞다리는 어깨에서 팔꿈치까지의 뼈와 팔꿈치에서 손목까지의 뼈를 길고 가늘게 펴서 만들었다. 설계변경 면에서 평가하면 귀와 배꼽보다 훨씬 단순하다. 우아한 생김새와 장치의 우수한 성능에 비해 무척 단순한 설계다. 우리 인간의 손목부터 손바닥, 손가락까지와 비교하면 이해하기 쉽지만 아무래도 뼈끼리 유합癒合해서, 즉 합쳐져서 숫자가 줄었다. 진화의 여정에서는 필요한 기능이 없는 형태는 급격히 퇴화하는 것이 예삿일인데 그 실제 사례라고 할 수 있다. 새의 경우 애초에 손가락으로 집는 경우를 가정하지 않기에 손가락이 많을 필요가 없으므로 막대처럼 한 덩어리로 변했다.

이 그림을 보고 '어, 날개는 어디지?' 하고 의문을 가지는 독자가 적지 않을 것이다. 하늘을 나는 비둘기나 까마귀를 보면 실제 뼈로 보이는 팔보다 훨씬 더 면적이 넓은 날개를 펼치고 있는 듯이 느껴지기 때문이리라.

실은 이 점이야말로 조류의 독자적인 성공요인 중 하나라고 할 수 있다. 물론 하늘을 나는 동물에게 활짝 펼친 날개는 비상을 실현하는 가장 소중한 구조다. 하지만 조류가 뛰어난 까닭은 날개 면적을 확보하기 위해 팔과 손가락뼈의 변형에 의지하지 않았기 때문이다. 새의 너른 날개 넓이 중 대부분은 피부에 나는 튼튼한 깃털로 확보된다. 팔뼈가 가슴과 어깨에서 자란 커다란 근육으로부터 힘을 받아서 운동의 기점이 되는 것은 분명하지만, 실제로 공기를 가르는 날개 면의 기능은 새의 경우 깃털에 맡겨져 있다.

깃털은 피부에서 나는 부속물이다. 실체는 케라틴으로 이루어진 단단한 구조물이다. 케라틴이라는 말을 듣고 텔레비전에 나오는 화장품이나 발모제 광고를 떠올리는 사람은 팬

찮은 수준에 도달했다. 새의 깃털은 우리로 말하면 머리카락이나 손톱 혹은 비듬으로, 피부 표면에서 벗겨져 떨어지는 단단한 부분의 친척이라고 할 수 있다. 다시 말해 새는 뼈와 근육 같은 진짜 운동장치와는 무관한 피부의 일부를 하늘을 날기 위한 운동장치로 이용한 것이다. 동서고금의 인류가 동경해온 목표인 새의 날개가 중년의 아버지가 애용하는 발모제 상표와 겹쳐 보이지 않는가.

박쥐만의 일품 날개

새의 날개가 지닌 특질을 알기 쉽게 풀이하기 위해 대조적인 예로 박쥐의 날개를 들겠다. 박쥐 날개의 뼈를 처음 보는 사람이 많을지도 모른다(그림 29). 박쥐는 하늘을 자유로이 날아다니는 점은 새와 똑같지만 날개를 앞다리로 설계변경할 때의 설계지침이 전혀 다르다. 길고 가느다란 어깨에서 팔꿈치까지의 뼈, 그리고 팔꿈치에서 손목까지의 뼈가 언뜻 보면 새와 비슷해 보일 수도 있다. 그러나 손목부터 끝부분은 분명 완전히 다르다. 박쥐의 날개 면을 크게 넓힌 것은 기묘하리만치 길게 발달한 여러 개의 손가락과 손바닥뼈다. 특히 넓은 범위를 자유로이 움직이는 긴 손가락이 날개 면을 펼치는 역할을 한다. 더욱이 이 손가락의 역할은 단지 날개를 넓

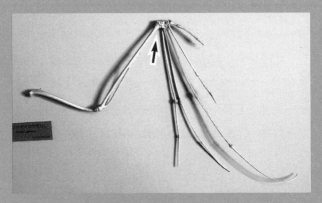

그림 29 박쥐의 앞다리 골격. 앞 그림의 조류 골격과 비교해보겠다. 손목(화살표)부터 손가락에 이르는 부분에서 양자의 설계상 큰 차이가 엿보인다. 바람을 가르는 역할을 깃털에 물려주고 손바닥부터 손가락뼈가 퇴화하는 경향을 띠는 조류에 비해 박쥐의 손끝에서는 가늘게 뻗은 손가락뼈가 날개를 형성한다. 이것은 인도왕박쥐*Pteropus giganteus*의 표본이다(국립과학박물관 소장 표본).

그림 30 박제한 박쥐. 앞다리만이 아니라 뒷다리(화살표)와 꼬리가 날개 면을 지탱한다. 새에 비해 뼈가 날개에 꼼꼼하게 관여한다. 이것은 관박쥐*Rhinolophus ferrumequinum*의 표본이다(국립과학박물관 소장 표본).

게 펼치는 것만이 아니다. 새에 비하면 가동하는 뼈가 많이 연결되어 있어서 날개의 형태를 바꾸는 동작도 자유자재로 할 수 있다. 꺾거나 구부리거나 접거나 날개를 능숙하게 변형할 수 있는 것은 이 손가락 덕분이다.

박쥐의 날개에는 조류와 전혀 다른 또 하나의 특징이 있다. 하늘을 나는 이 포유류는 뒷다리와 꼬리가 날개의 주요한 지지체로 개입한다(그림 30). 손만으로 날갯짓하는 것이 아니라 뒷다리와 꼬리도 날개의 운동에 깊이 관여한다. 앞다리를 뼈대 삼아 깃털로 날개를 만들었던 새와 비교하면 온몸의 뼈가 날개 만들기에 관여했다고 할 수 있다. 몸통 부분을 아주 자그마하게 정리한 뒤 앞다리와 뒷다리와 꼬리, 다시 말해 골격을 이용해 날개 면을 지지하는 틀을 형성하고 거기에 피부와 얇은 근육으로 막을 치는 것이 박쥐가 해낸 설계변경의 요점이다.

이 개조방침 덕에 박쥐는 새보다 대담하게 날개의 형태를 바꿀 수 있었다. 척추동물의 역사상 뼈와 근육을 전면적으로 활용해 대폭적인 변형을 보장하는 이런 뛰어난 날개는 박쥐만의 전유물이다.

대신이라고 하기는 뭐하지만 박쥐에게는 바람을 가르는 튼튼한 깃털이 자라지 않는다. 그래서 뼈에 의지해 날개를 펼쳐야 한다고도 할 수 있지만.

새의 날개 이야기로 돌아가겠다. 새의 경우 뒷다리와 꼬리가 날개의 형성에 관여하지 않는다. 새는 비상과 전혀 다른 용도로 뒷다리를 이용할 수 있다. 그러므로 당연히 조류의 뒷다리는 땅이나 물에 착지할 때는 훌륭한 보행기관, 유영기관으로 탈바꿈한다.

우아하게 날 때와 비교하면 지상에서 확실히 서투르기는 하지만 새들은 그래도 훌륭하게 걷거나 헤엄치지 않는가. 극단적인 예로 타조와 에뮤*를 떠올려보라. 퇴화해서 비행에 쓸모없는 날개는 이미 있으나 마나 하고 그들의 생존을 뒷받침하는 것은 뒷다리뿐이다. 새일지언정 땅 위를 달리는 것이 본업인 사족보행quadrupedalism 동물들과 충분히 주행성능을 겨룬다. 그 정도로 새의 뒷다리는 날지 않을 때조차 고도의 역할을 한다고 할 수 있다.

이 점에서는 박쥐는 절망적이다. 날개의 일부로 탈바꿈해버린 뒷다리로 이솝우화 속 미움받는 '비겁한 박쥐'처럼 체중을 땅 위에서 들어올리고 땅을 박차고 나아가는 것은 애당초 무리다. 적어도 타조 못지않게 달리는 박쥐는 지구 위의 진화 역사상 등장한 적이 없을 것이다. 박쥐 뒷다리의 역할

● emu   에뮤과에 속하며 오스트레일리아의 고유종이다. 에뮤라는 이름은 아라비아어로 세상에서 가장 큰 새라는 뜻이다. 몸길이는 약 1.8미터이며, 학명은 *Dromaius novaehollandiae*다. 시속 50킬로미터까지 달리며, 수영도 잘한다.

은 대개가 그 거꾸로 매달리는 '착지'다.

나뭇가지와 동굴의 천장, 때로는 건물의 처마에 매달리는 박쥐의 물구나무서기 자세는 보행에 거의 쓰지 않아 쓸모가 다했다는 낙인이 찍힌 뒷다리가 그럭저럭 착륙장치로 남았음을 드러낸다.

날개의 발명자들

그런데 실은 척추동물 중에 번듯한 날개를 발명한 집단이 또 하나 있다. 눈치 챈 독자도 있을지 모른다. 그 이름은 익룡이다. 하늘을 비상하는 특성을 지닌 이 파충류가 번영한 시기는 포유류의 전성시대보다 훨씬 오래전인 중생대의 트라이아스기, 쥐라기부터 백악기에 걸쳐서다. 최근에서야 가장 오래된 조류는 중생대 전반부터 중반에 걸쳐 이미 일정한 지위를 차지했다고 추정하는 이야기가 나오긴 하지만, 새나 박쥐가 정말로 하늘의 정복자가 될 수 있었던 시대가 6,000만 년보다 더 오래되었다고 하기는 어렵다. 그렇다면 척추동물의 실제적인 하늘 위 선배는 익룡이라고 할 수 있다.

익룡이라고 하면 프테라노돈˙이나 안항구에라˙˙라는 학명을 지닌 거대한 몸집의 공룡이 머리 위를 날아다니고 해안

● **Pteranodon** 북아메리카의 중생대 백악기 후기 지층에서 발견된 익룡 화석이다. 이름은 '날개ptera'는 있지만 '이빨don'은 '없다no'는 뜻이다. 이빨이 없고 머리 위에 뒤쪽으로 향한 기다란 삼각형의 볏이 있으며 턱 밑에는 펠리컨처럼 주머니가 있었다.

135

가까이에서 물고기를 사냥하는 그림을 도감에서 본 적이 있을 것이다. 비상하는 척추동물로서는 새와 박쥐에게 지지 않는 일급품이다. 그리고 놀랍게도 익룡의 날개 면 대부분은 우리 손가락으로 말하면 약지로만 지탱된다. 물론 몸통에서 자라난 근육으로 앞다리를 움직였던 것은 분명하지만 넓은 면적의 날개를 지탱하는 뼈대는 사실상 약지 하나다.

비행이라는 기능에서 보면 이것도 기막히게 훌륭한 완성품으로 평가할 수 있다. 긴 날개를 한 손가락으로 지탱하는 강인함으로는 그들의 날개도 척추동물의 장기인 되는대로 아무렇게나 만든 개조품 중 하나이자 대담하게 설계를 변경한 사례로 들 수 있다. 그러나 익룡의 날개는 기존 앞다리 설계도를 억지로라도 고쳤을 때 기필코 타의 추종을 불허하는 우수한 기구를 개발할 수 있음을 증명해준다. 그들은 명백히 지구 역사상 최대의 비상하는 생물이다. 얼마나 큰가 하면 날개를 펼쳤을 때의 길이가 13미터다. 익룡류의 어마어마한 성공은 하중의 대부분을 손가락 하나에 맡기는 (목적에 따른) 설계지침으로 믿을 수 없을 만큼 큰 몸을 하늘에 띄우는 동물을 실현한 점에 있다. 새가 뛰어나든 박쥐가 빼어나든 크

●● *Anhanguera* 백악기 후기의 익룡 화석으로 학명은 '고대의 악마'라는 뜻이며, 브라질의 산타나Santana 지층에서 트로페오그나투스*Tropeognathus*와 함께 발견되었다. 날카로운 이빨이 늘어선 긴 주둥이 앞부분에 뼈로 된 볏(골즐)이 발달해 있는데, 수면 위를 날면서 긴 주둥이로 물고기를 낚아챌 때 물의 저항을 줄이기 위한 구조로 해석된다.

기는 이 약지 괴물에게는 당할 수가 없다.

아울러 익룡의 경우 착륙할 때 뒷다리의 기능성은 새만큼 특출난 편은 아니라고 생각된다. 날개 전체의 구성은 박쥐와 다르지만 날개를 지지하는 역할은 박쥐와 마찬가지로 뒷다리도 어느 정도 했던 것 같다. 이제는 살아 있는 모습을 볼 수 없는 멸종동물인 까닭에 지상에서 뒷다리를 어떻게 썼는지는 불분명하지만, 새를 뛰어넘을 만한 보행성능을 충족하지는 못했고, 기껏해야 빈약한 착륙장치 정도였다고 짐작된다.

잠깐 익룡 얘기로 새고 말았다. 박쥐와 새의 이야기로 돌아가자. 이렇게 어렵사리 날개를 고안한 박쥐와 새의 조상은 무엇인가 하는 문제를 정리하겠다. 박쥐는 사실, 명확하게는 모른다. 전통적으로는 식충목Insectivora이나 맹장 없는 종류 Lipotyphla로 불리는 수수하고 작은 짐승이 비행하게 된 것이 박쥐일 수 있다고 여겨왔다. 아주 생소할지도 모르지만 땃쥐라는 이름의 작은 동물을 일본에서도 가끔 볼 수 있다. 모르겠으면 두더지에 가까운 종류로 이해하면 된다. 이 무리에 날개가 자란 것이 박쥐라는 생각에 많은 사람이 수긍한다. 그러나 초기의 박쥐 화석은 빈약해서 앞으로도 다양한 논의가 전개될 것이다.

한편 새에 대해서는 예전엔 파충류에서 진화한, 상당히 진보되고 독자적인 집단이라는 해석이 두드러졌다. 그러나 현재는 조류를 생존한 공룡의 직계로 여긴다. 더욱이 쥐라기를 중심으로 한 화석 연구를 통해 초기의 조류는 당시의 공룡류와 판박이라 할 만큼 비슷했다는 사실이 밝혀졌다. 공룡에게 있었던 비늘이 어떻게 사라지고 언제 깃털이 났느냐는 문제도 격론을 불러일으키지만, 어쨌든 새는 완전히 공룡의 일부이며 우연히 비행에 적응한 무리라고 생각해야 한다. 지구의 역사로 보자면 원래 새를 창조한 공룡류의 본가가 6,500만 년 전을 끝으로 자취를 감추고 어떤 의미에서 못난 자손이었을 조류가 현재까지도 번영을 자랑하며 통렬한 야유를 보내고 있다는 것이 사실에 가깝겠지만.

날기 위한 대개조

지금까지 날개를 설명했는데, 그 마무리로 여러분이 동물의 신체를 보는 눈을 기르길 바라는 마음에서 박쥐와 새의 날개 이외의 부분에 주목하기로 하겠다. 박쥐도 새도 날개를 개조하기만 해서는 날 수가 없다. 희대의 비행사는 날개 이외에도 날기 위한 디자인이 충분해야 창공을 누빌 수 있다. 그 각각의 디자인 전부가 땅 위를 걸었던 조상의 재난을 피하기 위한 긴급한 설계변경이다.

예를 들겠다. 하늘을 날기 위해서는 뼈를 가볍게 해야 하므로 새의 머리는 다음 표본에서처럼 구멍이 숭숭 뚫려 있다 (그림 31). 열대와 아열대 지방을 장식하는 화려한 새 코뿔새를 아시는지. 새 중에서도 머리뼈가 무척 큰 녀석이다. 그 머리뼈를 견고성을 유지한 채 경량화하려면 구멍이 숭숭 뚫린 구조가 합리적이다.

나아가 또 한 군데 새의 신체에서 기묘한 부분을 관찰해보자(그림 32). 1장을 읽으며 이미 프라이드치킨을 다 먹었다면 얼른 더 사오자. 커넬 할아버지 가게의 프라이드치킨을 통째로 만나본 사람도 있을 것이다. 대체 이것이 새의 어느 부분인가 하면 실은 골반이다. 1장에서 후지대라는 용어로 아주 잠깐 등장했다.

새의 경우 골반이라 해도 허리뼈같이 그저 단순한 골반은 아니다. 대강 열 개 이상의 뼈 부분을 연결한 경이의 합체물이다. 실로 이 뼈에는 이른바 허리뼈 이외에 척추의 가슴 부분(흉추) 일부부터 복부(요추), 나아가 허리 부분(천골), 꼬리뼈의 전방 부분(미추尾椎)까지 연결되어 있다. 골반이라고 하기에는 너무나도 특수하게 합체되어 있어서 일본의 해부학자는 존경하는 뜻에서 옛날부터 요선골腰仙骨(한국에서는 요천골腰薦骨)이라고 불렀다.

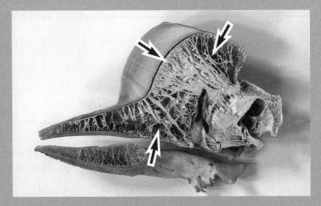

그림 31 긴꼬리코뿔새*Rhinoplax vigil*의 머리뼈를 세로로 잘라 내부를 보았다. 새치고는 두부가 무척 크지만 가는 대들보(화살표)로 강도를 유지하면서 극도로 경량화되어 있다(국립과학박물관 소장 표본).

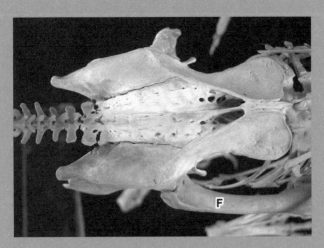

그림 32 닭의 요천골을 등 쪽에서 보았다. 그림의 오른쪽 부분이 두부, 왼쪽이 꼬리 부분에 해당한다. 가슴에서 꼬리에 걸친 척추와 뒷다리를 연결하는 골반이 유합해서 합체되어 있다. 마치 신체의 대부분이 일체화되어버린 듯한 인상을 준다. 척추의 운동을 희생해 극도로 경량화한 결과다(오비히로축산대학 가축해부학 교실 사사키 모토키 박사 촬영). F는 우측 대퇴골이다.

이 뼈가 어떤 괴물인지는 여러분의 신체에 적용해보면 금방 이해할 것이다. 요천골lumbosacral은 사람으로 치면 늑골 조금 아래 부근부터 엉덩이까지의 범위에 존재하는 모든 뼈가 하나의 덩어리로 바뀐 것이다. 말만 들어도 왠지 하복부 근처가 콕콕 쑤시는 느낌이다. 요천골이 뭉쳐버린 조류는 기지개나 앞으로 구부리기처럼 척추의 유연성이 문제되는 운동은 전혀 불가능하다.

새가 이렇게 뼈를 유합하는 어처구니없는 짓을 저지른 유일한 '목적'은 신체 전체의 경량화다. 많은 뼈를 연결해서 제각각 운동하도록 하면 척추를 유연하게 움직일 수는 있으나 뼈 질량의 합계가 커진다. 그뿐만이 아니라 각 뼈를 움직이기 위한 근육도 필요하므로 당연히 총중량이 늘어난다. 하늘을 날아야 하는 새에게는 매일 아침 유연성을 기르는 체조나 한가할 때 휴우 하고 한숨 돌리며 기지개를 켜는 동작 따위 좀 못해도 대수롭지 않다. 그런 동작보다는 뼈를 모두 일체화해서 신체 전체를 가볍게 만드는 것이 중요하다.

새는 지상에서야 일시적으로 모습을 바꿔도 상관없다. 날기 위해 모든 뼈의 형태를 희생해서 설계변경을 거듭한 결과가 오늘날 새의 모습이다. 하기야 조상인 공룡과 마찬가지로 무거운 머리를 만들었다면 코뿔새는 하늘의 용사는커녕 쓸모없는 머리뼈를 떠안은 채 영원히 날아오른 적 없는 근대예술의 오브제 같은 설계실수의 산물이 되고 말았을 것이다.

새는 지상에서 능숙하게 허리를 반복적으로 굽혔다 폈다 할 필요도 없다. 그들이 원하는 것은 유연한 척추가 아니라 1그램이라도 더 가벼운 골반이었다. 짜증나는 까마귀들도, 사나운 콘도르도, 그리고 때로 여러분의 어깨에 올라앉는 잉꼬류도 모두 고심 끝에 골반을 단단하게 뭉쳐서 개조한 결과 하늘을 손에 넣은 것이다. 여기까지 오면 이제는 두 번 다시 제자리로 되돌아갈 수 없는 설계변경이다. 진화란 이토록 눈물겨운 신체개조로 이룩한 일이다.

하지만 모름지기 새로운 신체는 조상의 신체설계를 변경해야만 탄생하는 법이다. 그것이 지구상에서 진화를 반복해나가는 생물들의 피할 수 없는 운명이다.

지금 하늘을 제패한 새나 박쥐도, 그리고 대선배인 익룡도 하느님과 부처님이 특별대우로 날개를 새로 설계해준 것은 아니다. 발모제를 바르는 정도의, 문자 그대로 머리카락이 나는 정도의 설계변경만으로 깃털이 생겼을 수도 있다. 두더지의 조상이 실수로 손가락을 길게 만들었다면 하늘을 날 수도 있었을 것이다. 파충류 중에서 약지가 조금 긴 별종이 어느 때인가 중생대의 하늘을 '손아귀'에 넣었을 것이다. 이런 허튼소리를 하면서 아무리 기지개를 켜도 하늘을 날 수는 없는 해부학자는 그들의 신체를 해체함으로써 영예로운 날개를 완전히 실추시킨다. 날개에 신의 창조적 디자인은 하나도 없다고 말하며 이솝우화에 나오는 신 포도의 비유처럼 드넓은 하늘에 대한 인류의 보편적인 동경을 학문의 논리로 봉쇄하는 것이 내 일이다. 새와 박쥐의 시체를 해부해보면 날개란 그저 임기응변적인 설계로 사지를 변경한 동물에게 흔히 있는 부위 간의 연결에 불과하다. 하지만 그래도 '날개'를 제목으로 붙인 음악은 앞으로도 틀림없이 히트차트를 떠들썩하게 할 것이다. 호모사피엔스가 품은 날개에 대한 영원한 동경을 끊기에는 해부학자로서의 내 필력이 너무나도 부족하다.

03

전대미문의 개조품

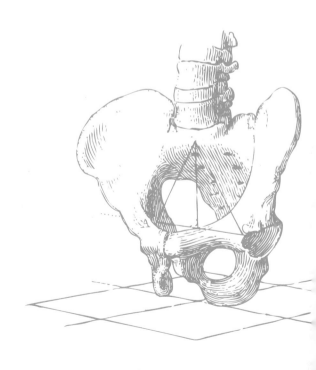

두 발 달린 동물

자동차 운전도 지나치게 신중한 초보 시절보다 면허 딴 지한두 해 지나서 숙련이 될락 말락 할 즈음에 사고를 일으키기 더 쉽다고들 한다. 내 경우엔 학부과정을 막 마치려던 무렵이 그랬다. 말, 낙타, 기린 등 몇 가지 대형 동물의 해부를 진행하며 500킬로그램 이상 나가는 피투성이 덩어리에도 전혀 동요하지 않던 내가 창피하지만 학문의 기본을 망각하고 약간 우쭐해져 있던 시절이다.

그러던 어느 날 동물원이 펭귄 시체를 대학에 넘겨주었다. 나는 여느 때처럼 신바람이 나서 보내준 펭귄 시체를 절개했다. 해부대 위에 놓인 50센티미터도 못 되는 흑백의 시체는 분명 언제나처럼 나를 매료시켰으나, 은연중에 '만만하게' 여기는 마음이 고개를 들었나 보다. 새에게 숨겨진 수수께끼가 크든 작든 다른 사람이 거들 필요가 없는 고작 몇십 센티미터짜리 작은 상대였던 탓에 그만 방심하고 말았다.

소화관부터 얼른 떼어버리고 싶어서 식도를 경부頸部(목 부분)에서 절단하고 배설강排泄腔, cloaca 근처에서 직장에 칼을 대려고 했다. 사람으로 말할 때 항문 약간 위에서 절단하면 소화관을 통째로 적출할 수 있다. 소화관의 경우 그게 상식이다. 일단 소화관만 적출할 생각이었던 나는 골반을 찾아서 거기에 붙은 소화관을 왼손가락으로 집었다. 그리고 눈으로 직접 상황을 확인하지도 않고 오른손에 쥔 메스로 복벽腹壁, abdominal wall, 즉 복강 내벽의 개구부stoma에서 단번에 왼손가락이 잡고 있는 부드러운 소화관 벽을 찔렀다.

새와 여타 동물의 경우 골반에 밀착된 소화관이 있을 곳이라고는 당연히 직장뿐이다.

하지만 복부의 개구부에서 그대로 소화관을 앞으로 당기자 관 전체가 빠져나오리라는 예상과는 정반대로 다홍색 근육의 매끄럽고 평평한 판만이 힘없이 복강 밖으로 모습을 드러내는 게 아닌가. 더욱이 복강에서 배배 비틀린, 그 나름대로 긴 장腸이 꿈틀꿈틀 얼굴을 내밀어야 하건만 이어서 왼손에 닿는 내장은 30센티미터도 안 되는 납작한 비닐봉지 같았다. 배면에서 잡아당기지도 않았는데 불쑥 나와버린 왼손바닥 위의 그 부드러운 덩어리를 본 나는 평생 뼈저리게 후회했다.

내가 자른 것은 직장, 다시 말해 장의 말단 부근이 아니라 유문幽門, pylorus, 위의 후단부後端部(뒤쪽 끝부분)였다.

손바닥만 해서 만만하게 여겼던 눈앞의 새는 사실 척추와 평행으로 위장이 가급적 길게 뻗도록 진화한 것이다. 알껍데기를 깨고 태어난 후로 마지막에 이렇게 천수를 다할 때까지 사는 동안 이 새의 기본 자세는 척추를 꼿꼿이 세우고 두 발로 서는 것이다. 그리고 이 새는 그 자세 그대로, 그러니까 동체를 똑바로 펴고 어뢰형 체형으로 물속을 능란하게 '날아' 다닌다. 헤엄친다기보다 난다는 표현이 어울릴 만큼 수중생활의 전문가다. 게다가 이 새는 자신의 신장보다 몸집이 자그마한 물고기를 통째로 먹고 산다. 삼킨 물고기는 일단 펭귄의 체내로 들어간다. 그래서 펭귄은 경부의 식도에서 신체 뒤쪽으로 이어지는 길쭉한 방을 불쌍한 물고기를 위해 마련했다. 그렇게 이 동물의 위장은 통째로 삼킨 생선이 충분히 들어가도록 뒷다리에 연결된 뒷부분이 골반 부근에까지 길게 뻗어 있다. 배 전체를 차지할 만큼 세로로 길게 허리까지 뻗어 있는 위가 골반에서 나의 메스를 기다리고 있었다.

펭귄의 교훈

나의 '상식'으로 위벽은 골반과 접해 있어서는 안 된다. 예를 들어 소의 위장은 아파트의 욕조와 큰 차이가 없을 만큼 거대하다. 크기로는 누구에게도 지지 않을 소의 위는 여러 번 만났으나, 소처럼 단순히 부피가 커서 복강을 점령한 것과 이 펭귄의 이상하게 좁고 긴 위장은 양상이 너무나 달랐다.

바다를 헤엄치면서 척추를 펴고 긴 물고기를 통째로 삼키는 펭귄에게 위장은 부피보다는 길이가 전부다. 굵기는 거의 확장하지 않은 채로 뒷발 근처의 복강까지 도달할 필요가 있었다. 더욱이 신중하게도 좁고 긴 위장의 벽은 골반의 체강 상피에서 수염처럼 자라나는 결합조직에 매달려 정말로 엉덩이 근처에 고정되어 있다. 두툼한 담요를 햇볕에 말리려고 큰 빨래집게로 장대에 고정시키듯이 위벽을 골반에 붙들어 맸다. 복강을 똑바로 들여다보지 않고 손가락으로 잡은 민무늬근smooth muscle(심장근 이외의 모든 내장근육을 가리키는 불수의근. 평활근平滑筋이라고도 함)을 잘라낸 나는 이 위장의 뒤쪽 끝을 직장으로 착각했던 것이다.

왼손바닥 안에서 분홍색으로 빛나는 위장이 의기양양하다. 물론 남은 골반에서는 무사히 남은 직장이 들여다보고 있는 나를 비웃고 있다. 생물은 항상 훌륭하고 거대하게 이목을 끄는 형태로 진화의 묘를 보여주지는 않는다. 새내기 해부학자에게는 크기가 적당한 동물의 위장 한 귀퉁이를 슬쩍 보는 것만으로도 신체의 역사가 얼마나 심오한지 충분히 짐작할 수 있었다.

핀셋을 5년, 10년 쥔 알량한 실력으로는 동물 신체에 관한 조악하기 짝이 없는 약도조차 머릿속에 그릴 수 없음을 통감했다. 이 일 이후로 나는 대상을 눈으로 직접 확인하지 않고 메스를 댄 적이 한 번도 없다. 보면서 자르는 것은 기본 중의 기본이다. 기본이 되는 사항은 아무래도 어처구니없어 보이는 것이 많다. 그러나 무릇 살아 있는 온갖 생물의 신체에 칼을 대는 일에선 초보자나 다름없는 학생의 '상식'보다는 어처구니없을 정도의 기본이 올바른 대처를 낳는 법이다.

펭귄의 위장은 원래 네 발로 걷던 척추동물이 두 발로 서서 척추를 펴는 것이 얼마나 곤란한 일인지 똑똑히 말해주었다. 보통의 새는 척추를 곧추세우고 살아갈 수가 없다. 생존을 위해서는 몸 곳곳에 거듭해서 설계변경을 해야 한다. 위장 하나만 봐도 벌써 마음이 들뜨는 인간에게 올가미를 씌우는 정도는 누워서 떡 먹기인, 그런 교묘한 설계도로 전환할 계획을 세운다. 시체해부가 상대로 하는 '적'은 그렇게 철저히 시치미를 떼고 깊은 함정을 파놓은 채 메스를 기다리고 있다.

펭귄의 특수한 위에 관해 길게 이야기한 까닭은 이번 장에서 우리 인간의 신체를 재차 자세히 살펴보고 싶기 때문이다. 이 책에서 벌써 충분히 느꼈을 테지만 동물의 신체는 개조에 개조를 거듭해서 누덕누덕 기운 부품의 집합체다. 당연히 우리 인간도 예외는 아니다.

하지만 인간의 신체가 지나온 역사는 흑백의 새가 척추를 세우고 바다를 헤엄치게 된 과정보다 훨씬 장대하다. 두 다리로 걷는다지만 펭귄은 어차피 무릎을 크게 굽히면서 아장아장 걷는다. 그러나 여러분, 즉 호모사피엔스는 여하튼 네 발로 걷던 동물을 완전한 직립보행을 하도록 개조하고, 굉장히 용한 재주로 거대한 뇌를 얹는 지구 역사상 전대미문의 믿기 힘든 개조를 해냈다.

여기서부터는 인간이 걸어온 수수께끼 가득한 역사를 해독해보겠다. 인간에 관한 단서를 찾자면 교과서는 물론이고 초보자용 참고서로도 충분하지만, 이 책에서는 인간의 신체가 어떤 개조를 했느냐는 무척 기묘한 내력에 초점을 맞춰서 함께 즐길 수 있는 부분을 집약했다.

인간의 뿌리를 이야기하려면 어림잡아 500만 년 혹은 700만 년 정도 전의 동아프리카 등지를 여행해야 한다. 인간을 향해 첫발을 내디딘 무리가 이 시대의 이 지역에 살았던 것은 확실하다. 그들은 아직 우리 호모사피엔스와는 거리가 있다. 그들에게서 시작된 이른바 원숭이에서 분리되어 호모사피엔스로 걸어가는 자들을 고전적인 표현으로 '사람과 Hominidae'라고 부르며 이야기를 진행하겠다.

우선 사람과의 조상이 무엇이냐고 묻는다면, 사실 여전히 명확하지는 않다. 물론 그 조상은 원숭이 종류고, 이른바 유인원이라고 할 수 있는 가장 우수한 원숭이이긴 하다. 하지만 발굴되는 화석은 아직까지도 그 전모를 완전히 파악할 만큼의 정보를 가져다주지는 않는다.

지금 살고 있는 원숭이 중에서 사람과 꽤 가까운 무리로 침팬지와 고릴라, 오랑우탄을 볼 수 있으므로 당연히 그들의 신체를 연구하면 많은 참고가 될 것이다(그림 33). 어떤 의미에서 이것은 우리가 채택할 수 있는 최선의 연구기법이다. 단, 문제가 있다. 말하나 마나지만 침팬지가 인간으로 진화한 것은 아니다. 사람과를 개발한 조상은 원해도 볼 수가 없다. 수백만 년 전에 멸종한 무리이므로.

소도 비빌 언덕이 있어야 비빈다고, 시대를 좀 거슬러 올라가 1,500만 년 이상 전의 아프리카를 살펴보자. 이 시공時空에는 프로콘술*이라는 꽤 재미있는 유인원이 있다(그림 34).

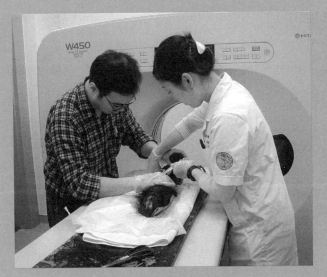

그림 33 침팬지의 팔을 CT 스캔으로 해석하기. 도쿄도 다마多摩 동물공원에서 천수를 다한 개체가 시체로서 국립과학박물관에 기증되었을 때의 장면이다. 동물원의 두터운 호의에 보답하기 위해서라도 시체를 통해 수수께끼를 풀고, 표본으로서 미래에 계승해야 한다. CT 스캔을 이용한 연구에는 니혼대학 생물자원과학부 사카이 다케오酒井健夫 교수가 협력했다. 왼쪽은 필자, 오른쪽은 당시 이 대학의 학생이었던 마쓰자키 미카松崎美果 씨다.

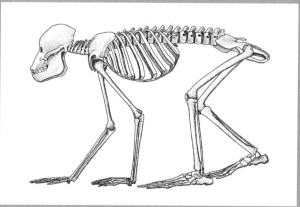

그림 34 프로콘술의 외모와 전신골격 복원도. 약 1,500만 년 전에 살았던, 우리와 직접 연결되는 조상 후보다[가타야마片山(1993), NHK취재반(1995)을 참고로 국립과학박물관 와타나베 요시미 씨의 그림].

체중은 아마 40~50킬로그램 정도일 것이다. 발견한 것은 뼈의 화석뿐이므로 솔직히 털의 색깔이나 표정 등의 기본적인 외모가 정말로 이러했는지는 아무도 모른다. 중요한 사실은 아무래도 척추를 지면과 거의 수평이 되게 유지했다는 점과 어깨 관절의 동작이 컸다는 점 두 가지다.

원래 사람과를 낳은 원숭이들의 기본 조건부터 넌지시 속을 떠보면 물론 어지간히 지능이 높고, 신체능력 면에서도 어느 정도 덩치가 큰 종류가 우리와 가까운 조상의 유력 후보로 부상한다. 한편 너무 특수한 생활방식에 적응하면 인간으로 가는 일대 신체개조가 불가능하리라 짐작된다. 가령 긴팔원숭이(그림 35)는 분명 뇌 기능이 고도로 발달했고 언뜻보기에 사람과로 가는 지름길에 있는 듯하다. 그러나 긴팔원숭이는 긴 두 팔로 번갈아 나뭇가지에 매달리며 나무 사이를 이동한다. 이를 가리켜 '브래키에이션brachiation'이라고 한다.

긴팔원숭이는 이 이동양식을 채택한 결과로 신체 전체가 특수화된 감이 있기에 아무래도 이 종류의 원숭이를 새삼스

● **Proconsul**   2,000만 년 전에 등장한 영장목 드리오피테쿠스Dryopithecus과에 속하는 프로콘술 아프리카누스*Proconsul africanus*, 프로콘술 니안자에*Proconsul nyanzae*, 프로콘술 메이저 Proconsul major의 총칭이다. 3종 모두 외견상 꼬리가 없고 현재는 인류와 침팬지의 공통조상으로 여긴다. 1948년에 고인류학자인 루이스 시모어 배젯 리키Louis Seymour Bazett Leakey(1903~1972)와 부인 메리 리키가 동아프리카 빅토리아 호수에 떠 있는 루싱가 Rusinga 섬의 중신세 지층에서 발견했다. 학명은 런던동물원에 있던 '콘술'이라는 침팬지의 이름에 '조상'이라는 의미를 담아서 라틴어의 'pro(그 이전의)'라는 접두사를 붙인 것이다.

그림 35　긴팔원숭이. 소리를 지르고 긴 두 팔로 번갈아 나뭇가지에 매달리며 나무 사이를 이동한다. 특수화가 진행된 유인원의 사례다.

럽게 직립보행의 세계로 끌어들여서는 안 될 듯하다. 이미 대대적으로 개조된 뒤여서 다른 방향으로 틀 수 없는 신체가 되어버렸다고 생각해도 무방하다.

　결국 긴팔원숭이처럼 돌이킬 수 없는 특수화를 거친 종류보다는 척추가 기묘하게 굽지 않고 어깨관절을 자유로이 크게 움직일 수 있는 프로콘술의 상태가 더 낫다. 감식안으로 보았을 때 여러 가지로 설계변경이 가능한 우수한 '소재'여서 진화에 적합할 테니까. 아마 프로콘술 같은 유인원은 그다지 특수한 이동양식이나 방법으로 팔을 쓰지는 않는 채로 나무 위에서 몇백만 년이나 살았을 것이다. 인도차이나에서 지금의 긴팔원숭이가 이 나무에서 저 나무로 요란하게 옮겨 다니는 모습을 보면 아무래도 프로콘술만은 나무 위에서 두드러지지 않는 소박한 생활을 했다고 추측할 수 있다.

우연의 산물

그런데 진화란 만사가 새옹지마다. 수수한 신체로 나무 위에서 소박하게 생활한 프로콘술 같은 유인원은 언제나 사물을 보고 쥐면서 균형을 잡고 위험한 나뭇가지 위를 돌아다녔다. 그렇게 몇백만 년을 거치는 동안 시각정보를 처리하는 힘, 여문 손끝, 고도의 평형감각 등 실로 사람과를 향해 출발하기 위한 사전준비를 완성해나갔다. 소박한 나무 위에서의 생활이 틀림없이 그들의 뇌와 신경을 세련되게 하고 민첩성을 중심으로 운동능력을 향상시켰다. 2장에서 썼던 전적응이라는 말이 여기서도 유효하다. 두 발로 걷기 위한 예비적인 구조와 기능을 프로콘술 같은 우리 조상은 전적응 방식으로 획득하는 데 성공했다.

그러나 안전한 나무 사이를 버리고 원숭이가 두 발로 걷게 되었다면 그에 상응하는 중요한 이유가 있었을 것이다. 이 점에 관해서는 시체해부만 하는 나는 지금은 일방적으로 타인이 주장하는 설을 들을 뿐이다. 간단히 말하면 다음과 같다.

지금부터 1,000만 년에서 500만 년 정도 사이에 동아프리카는 장기간 건기에 돌입했다. 삼림이 마르고, 초원 또는 건조한 평지가 펼쳐졌던 모양이다. 그 상황은 어떤 의미에서 지금의 케냐나 탄자니아와도 공통된 부분이 있을 것이다(그림 36).

허허벌판에서 올라갈 나무를 잃은 유인원들은 '만반의 준비'를 하고 있었다는 듯이 지상으로 내려온다. 게다가 이미 나무 위에서 기른 두 발로 걷는 능력을 활용해 평소에는 뒷다리에만 의지해서 보행하게 되었다고 한다.

물론 일정 수준으로 진보한 유인원이 서식했던 지역이 건조해지고 숲이 말라비틀어지게 된 것은 그저 우연한 사건이다. 고생태학에도 자연지리학에도 어두운 나는 그렇게까지 운명에 맡겨진 사건으로 사람과가 번영했을지 썩 이해가 되지 않는다. 정확히 말하면 마음 한구석으로는 별로 이해하고 싶지 않다.

그러나 프로콘술 같은, 일정 정도까지는 특수화하지 않은 유인원을 재료로 삼아 사람과를 '창조'한 것은 해부학적으로는 비교적 용이한 사건이라고 할 수 있다. 역시 이 동아프리카의 건기를 운운하는 과학적인 이야기를 굳이 이해한다고 해서 진화가 세련되고 우아한 사건이 되지는 않으리라 새삼

그림 36 케냐의 대지와 필자. 실은 누gnu와 사자의 무리를 쫓아 여기까지 왔다. 이른바 사바나 기후는 독특한 경관을 낳는다. 여기저기 아카시아 나무가 듬성듬 성한 숲이 생기지만 여러 동물은 도망쳐 숨을 장소가 없어서 어쩔 수 없이 허허 벌판을 걸어다니며 살아간다.

확신하게 된다. 설계변경과 소규모 개조를 장식하는 것이 때로 어느 지역의 기후변동일 수도 있는 것이다. 그렇게 간단한 방법으로 신체형태의 진화는 끝없이 진행될 가능성이 있다.

원인들의 출현

앞서 2장에서는 신체에 남은 증거를 통해 포유류 혹은 척추동물이 겪은 진화의 역사를 더듬어 확인했다. 진화라고 하면 화려한 사건이라는 느낌이 들지도 모르지만 실제로는 다양한 설계변경과 개조가 되풀이되며 누덕누덕 기운 신체로 다음 시대에 살 방법을 개발하려고 한 것에 불과하다.

사람과의 시작도 실로 그러하다. 직립보행이나 이후에 가속도가 붙은 사람과의 고도화 계획도 백지에 그려진 아름다운 설계도를 기초로 한 것이 아니다. 나무 위로 쫓겨난 수수한 원숭이가 우연히 두 다리로 선 듯하다.

그런데 실제 두 다리로 걷기 시작한 우리의 조상은 370만 년 전에 출현했다고 알려진 아파르 원인猿人, 즉 오스트랄로피테쿠스 아파렌시스*Australopithecus afarensis*라는 무리다. 그들의 진화 무대는 일관되게 동아프리카다. 한편 같은 동아프리카에서는 이들보다 연대가 오래되고 두 다리로 걸었을 가능성이 지적되는 사람과 후보가 근래에 화석으로 잇달아 발견되었다. 이른바 라미두스 원인,[*] 오로린 투게넨시스,[**] 사헬란트로푸스 차덴시스[***]라는 이들이다. 또한 아파르 원인과 동시대에 산 케냔트로푸스 플라티오프스[****]는 초기 인류가 다양했다는 사실을 보여주는 중요한 계통이다.

그런데 무엇보다 아파르 원인이 우리의 논리를 도와주는 것은 그 화석 정보의 확실성이다. 아파르 원인이라면 우리도 사람과 최초의 모습을 꽤 정확하게 기술할 수 있다(그림 37)
(Johanson and White, A systematic assessment of early African

● *Ardipithecus ramidus* 1994~1995년에 미국 캘리포니아 버클리대학교의 클라크J. D. Clark 교수와 화이트Tim White 교수가 이끄는 국제 조사팀이 에티오피아의 미들 아와쉬 지역의 라미두스에서 발견한 약 440만 년 전의 원인. 나뭇가지를 쥘 수 있는 엄지발가락을 가진 것이 특징이다.

●● *Orrorin tugenensis* 600만 년 전에 살았던 것으로 추정되며 대퇴골 부분이 나온 유일한 화석이어서 오로린이라고 부른다. 프랑스 국립자연사박물관의 브리지트 세뉘Brigitte Senut와 마틴 픽포드Martin Pickford가 2000년 케냐의 투겐힐즈Tugen Hills에서 발견했다. 크기는 침팬지만 하다. 직립보행했음을 보여주는 대퇴골 화석, 나무를 탔으나 이동하지는 못했음을 보여주는 오른팔의 얇은 상완골 화석. 과일이나 채소를 먹었음을 말해주는 큰 어금니와 작은 송곳니를 특징으로 한다.

●●● *Sahelanthropus tchadensis* 마이클 브뤼네Michael Brunet가 600만~700만 년 전의 지층에서 발견했다. 학명은 '차드에 살았던 사헬이라는 인류'라는 뜻이다. 목 근육과 연결되는 대후두공의 위치가 직립보행을 했음을 시사하며, 어금니도 작아서 사람과와 비슷하다.

●●●● *Kenyanthropus platyops* 약 360만~320만 년 전에 살았던 멸종된 사람족의 종으로 저스터스 에러스Justus Erus가 1999년에 케냐의 투르카나Turkana 호수에서 발견했다. 학명은 '납작한 얼굴을 지닌 케냐인'이라는 뜻이다.

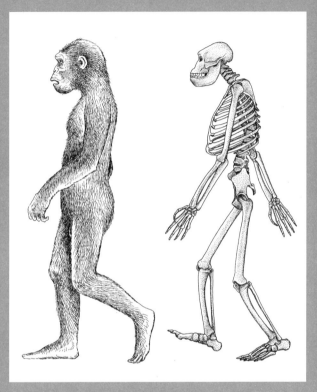

그림 37 아파르 원인(오스트랄로피테쿠스 아파렌시스)의 외모와 전신골격 복원도. 유명한 초창기 사람과로 우리 호모사피엔스와는 물론 큰 차이가 있으나 이 단계에서 어엿한 직립보행이 완성된다[가타야마(1993), NHK 취재반(1995)을 참고로 국립과학박물관 와타나베 요시미 씨의 그림].

hominids).

　다행히도 아파르 원인의 화석은 보존상태가 양호해서 초창기의 사람과의 모습을 극명하게 전달해준다. 특히 유명한 것은 '루시'라고 명명된 320만 년 전 여성의 화석이다. 전신 골격의 절반 정도일지언정 온전히 발견된 행운 덩어리 같은 사례다.

　1974년에 에티오피아의 하다르Hadar에서 발견된 이 루시 덕분에 우리는 사람으로 이어지는 초창기 원인의 형태를 대단히 명확하게 알 수 있다. 세부적인 자세는 차치하고라도 루시류가 두 다리로 걸었던 것은 틀림없다. 이는 행운의 여신 루시만이 아니라 탄자니아의 라에톨리Laetoli에서 확인된 350만 년 전의 것으로 여겨지는 원인의 직립보행 발자취도 뒷받침한다.

　지금부터는 아파르 원인의 뼈 구조에 깊이 들어가는 매력적인 작업이다. 그러나 나의 성급한 성격을 용서해주기 바란다. 독자 여러분, 즉 사람을 위해 펜을 들고 싶다. 일단은 무엇보다도 이렇게 우연마저 얽힌 듯한 설계변경으로 탄생한 사람과의 대략 400만 년 후 모습이 현재 지구에 살고 있다는 점을 기억해두자. 게다가 설사 몇억 년이라도 시대를 자유로이 왕래할 수 있는 이 책은 여기서 이야기의 대상을 호모사피엔스, 다시 말해 여러분의 신체로 바꾸고자 한다.

호모사피엔스의 특수성을 지탱하는 근원이 프로콘술 같은 원숭이를 아파르 원인처럼 직립보행하는 사람과로 개조한 그 전환점에서 시작되었다는 사실을 앞으로도 항상 염두에 두기 바란다. 직립보행이라는 의외로 아무런 계획 없이 일어나버린 사람과의 시작, 그러한 진화사의 배경을 인식하면서 우리 인간의 신체를 이해하는 것은 평범한 의학이나 별처럼 무수한 일반 임상의를 통한 이해와는 판이하게 다르다. 헤아릴 수 없이 설계변경을 반복하며 잠시 진화의 역사를 끌어다 붙인 산물인 이 호모사피엔스라는 동물의 설계변경 흔적을 살펴보기로 하겠다.

직립보행을 실현하다

사람의 발

대부분의 온천에 가면 목욕을 마치고 나온 자리에 발바닥을 조몰락조몰락 주무르는 기계가 놓여 있다.

과연 누가 살지 궁금하기는 하지만 통신판매광고에서도 이런 종류의 마사지기는 간판상품이다. 동양의학과 건강산

업, 때로는 수상한 교주님이 취급하는 가장 평범한 신체 일부로서 아무래도 발바닥의 움푹 팬 부분이 기염을 토하는 듯하다. 그러나 사람 발바닥의 움푹 팬 부분은 이런 온천의 여흥을 위해 진화한 것이 아니다. 이는 직립보행에 필수적인 부분으로 교묘하게 중량을 배분하기 위한 것이다.

우선 네 발로 걷는 동물과 인간의 발바닥 부분에서 발견되는 근본적인 차이가 문제다. 네 발로 걷는 동물은 물론 도약하는 특정한 양상에서는 네 다리를 지면에서 동시에 떼는 순간도 있으나 기본적으로 진행방향 전후의 균형 때문에 고민하는 경우는 적다. 흔히 포유류는 다소 몸의 앞부분에 중심이 쏠려 있어서 뒷발에는 적은 힘이 작용하므로 앞으로 고꾸라질 위험이 있다.

이를 반증하는 사례가 1980년대 중반에 텔레비전의 자동차 광고로 당대를 풍미했던 목도리도마뱀*Chlamydosaurus kingii*이라면 이해하기 쉬우려나. 파충류는 꼬리가 무거운 신체구조가 일반적일뿐더러 뒷다리의 근력이 상당히 강하다. 따라서 달리기 시작하면 그 명배우 목도리도마뱀처럼 앞다리가 헛돌아서 결국에는 몸이 뒤로 젖혀진다. 그런 의미에서는 파충류의 사지의 말단이 그다지 뛰어난 설계는 아닌데, 어쨌거나 이것은 파충류 수준의 문제다. 포유류는 앞으로 고꾸라지

166

는 문제를 해소하면 네 다리로 달릴 경우 뒷다리의 발끝에 본질적인 문제가 발생하지 않는다. 잘된 일이라고 말하기에는 어폐가 있지만 경마장의 서러브레드종*을 보아도 확연하듯이 빨리 달리는 포유류의 대부분은 사지의 말단으로만 땅에 서 있다. 네 다리인 이상 발끝으로 서도 앞뒤로 넘어질 염려는 없다.

그러나 인간 중에서 발끝으로 서도 좀처럼 넘어지지 않는 부류는 무용수 정도이리라. 아파르 원인이나 호모사피엔스도 네 발 동물이 갖고 있던 절대로 넘어지지 않는 설계상의 이점을 잃어버렸다. 사람과는 애초부터 전후좌우로 균형이 완전히 결여된 상황에 몰렸다고 할 수 있다. 뒷다리 끝의 역학적인 균형유지 등 인간이 직립보행으로 개조한 결과 생긴 무수한 장애 중 하나에 불과하다고는 하나, 보행은 고사하고 그냥 서 있는 것조차 불안하니 이 집단은 궁지에 빠졌다.

그 해결책이 사람과의 '후지' 말단 형태다. 우선 독자 여러분은 자신의 발꿈치부터 발끝까지를 유심히 살펴보기 바란다. 눈치 챘을지도 모르겠는데, 사람의 뒤꿈치에 해당하는 부분의 크기는 상당히 크다. 숫자를 싫어하는 사람도 많을 테니 자세한 수치는 나중에 제시하겠지만, 실제로 사람의 '발꿈치 주변'은 영장류 전체적으로 봐도 이상하리만치 크다.

● **Thoroughbred** 영국 재래종과 아라비아 말의 교배로 탄생한
경주마의 한 품종으로 원산지는 영국이다.

그리고 그에 비해 발가락 자체는 별로 길지 않다는 것을 알 수 있을 것이다. 나무에 오르는 일반 원숭이들이 곧잘 하는, 뒷발로 나뭇가지와 줄기를 쥐는 일은 인간은 절대 흉내 낼 수 없는 행동이다. 요컨대 사람의 뒷발에는 움켜잡는 기능이 결여되어 있다.

그러나 언뜻 봐서 아무런 도움도 되지 않을 것 같은 '발꿈치 주변'은 과도하게 발달했고, '발바닥' 또한 짧은 발가락에 비하면 꽤 크다. 고인이 된 자이언트 바바˙ 선수가 슬로모션처럼 반복했던 16문킥˙˙ 얘기를 끄집어낼 필요도 없이 인간의 평균 크기 '발바닥'도 그 나름대로 존재감을 드러낸다. 사실 나처럼 형태를 다루는 학자가 시체와 표본에서 가장 먼저 눈여겨보는 것은 형태가 가진 크기다. 커다란 크기는 형태에 무시할 수 없는 기능이 내재되어 있다는 힌트이기도 하다. 그리고 여러분의 '발꿈치 주변'과 '발바닥'은 정말로 그 역할의 중요성을 크기로 보여주고 있다.

● Giant Baba 1938~1999, 일본의 프로레슬러, 프로야구 선수이자 탤런트. 신장 208센티미터에 체중 136킬로그램인 일본 프로레슬링 사상 최대의 거인으로 김일, '주걱턱' 안토니오 이노키와 함께 역도산의 수제자 3인방 중 한 명이었다.

●● 16문킥 프론트 하이킥이라고도 하며 미국에서는 빅풋이라고 부른다. 바바의 신발 사이즈가 미국 사이즈의 16호에 상당하는데 당시 일본의 신문기자가 이 치수를 일본의 신발 크기를 나타내던 몬×으로 착각하고 기사화한 것에서 유래한다. 상대를 로프 쪽으로 세게 밀친 뒤 왼발을 치켜들고 로프에서 돌아온 상대 선수의 안면을 왼발바닥으로 걷어차는 동작인데, 투수 출신인 바바의 오른손잡이가 투구자세가 바탕이 되었다.

여기서 다시금 우리 발에 지식의 힘을 기울이겠다. 일단은 발을 측면에서 관찰해보는 것만으로도 충분하다(그림 38). 발가락, '발바닥' 그리고 '발꿈치 주변'이 만드는 측면 라인에서 사람과가 최대한 시도했던 설계변경을 엿볼 수 있다. 발가락뼈를 족지골足指骨, phalanges, '발바닥'뼈를 중족골中足骨, metatarsal bone 또는 발허리뼈, '발꿈치 주변'의 가는 뼈를 발목뼈tarsal bones 또는 족근골足根骨이라고 부른다. 사람은 이 발가락뼈, 발허리뼈, 발목뼈로 합리적인 아치구조를 고안했다. 이는 발바닥에서 움푹 팬 부분의 뼈대에 해당한다.

평평한 지면에 우뚝 서면 자신의 체중이 대체로 발허리뼈 앞쪽과 발꿈치, 두 군데로 분산되는 것을 느낄 수 있다. 보통 전체 체중은 지면에 수직으로 향하는 중력으로 묘사되는데, 이때 정확히 그 힘은 거대화한 '발바닥'의 앞뒤로 분산되어 저 야마구치현 이와쿠니시岩國市의 유명한 다리 긴타이교錦帶橋처럼 여러분의 발 아치에 역학적으로 잘 배분된다. 50킬로그램 이상의 중력이 상당히 좁은 범위에 분포되면서 꼿꼿이 두 다리로 서는 물체를 안정시키려 할 때 사람이 만든 이 발바닥의 움푹 팬 부분과 아치의 조합은 실로 합리적이다. 만일 이 아치가 완성되지 않았다면 아마 사람의 조상은 발가락

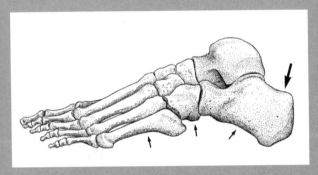

그림 38 사람의 왼발 뼈. 발가락은 사물을 잡기에는 어설프지만 커다란 '발바닥'이 두드러진다. 더욱이 그것은 커다란 아치(작은 화살표)를 그리고 있다! 큰 화살표는 아킬레스건이 달라붙은 뒤꿈치뼈다. '발꿈치 주변'이 거대화한 것이 사람의 특징이다(국립과학박물관 와타나베 요시미 씨의 그림).

끝이나 발꿈치 둘 중 한 점에서 모든 체중을 받게 되고 적어도 앞뒤 균형을 조절할 수 없는 사태에 처했을 것이다.

거듭 말하면 사람은 그냥 우두커니 서 있지 않는다. 중심을 교묘히 이동하면서 두 다리를 번갈아 땅에 대고 걷는다. 걸을 때 우리는 발꿈치에서 정강이를 앞으로 당겨서 점차 체중을 '발바닥' 앞쪽에서 발가락 가까이로 이동시켜 땅을 찬다. 마지막에 지면을 걷어차는 것은 실은 엄지발가락이다. 이어서 땅에 댈 때는 뒤꿈치부터 발을 내리고 점차 체중을 아치의 뒤쪽에서 앞쪽으로 배분한다. 이러한 체중이동은 우리가 사람인 까닭에 날마다 무심코 실행하는 일이다. 그러나 연구자들로서는 옛날에는 견고한 유리판 위를 걷는 모습을 아래에서 관찰하거나 발바닥에 잉크를 바르고 종이 위를 걸어서 모은 자료와 노고의 산물이다. 지금은 바닥 면에 중심이동을 가시화하도록 고안한 측정기기도 생겨서 상세한 데이터를 많이 얻을 수 있지만.

보행의 각 단계를 살펴보는 것으로 사람의 발꿈치 동작이 얼마나 중요한지 깨달았을 것이다. 체중을 앞으로 이동시킨 다음 땅을 차고, 다시 발꿈치부터 땅에 대고 체중을 앞으로 비켜놓는 과정 속에서 거의 모든 체중이 한쪽 발의 발꿈치뼈에 실려 있는 순간이 보인다. 사실 직립보행은 아치로 체중을 분산시키는 것이나 마찬가지여서 순간적으로 대단히 큰 힘을 '발꿈치 주변'에서 처리해야 한다.

발의 치밀한 디자인

여기서 마침 천하의 그 괴력남도 맞고서 체면을 구겼다는 아킬레스건이 등장한다. 아킬레스건은 사람의 거대화한 '발꿈치 주변'에 이어져 있는 콜라겐 덩어리다. 이 아킬레스건이 어디에서 유래하느냐면 넓적다리와 슬개골patella 혹은 무릎도가니라고도 하는 무릎뼈 근처에서 출발한 장딴지근 Gastrocnemius muscle(비복근腓腹筋)이라는 큰 근육, 즉 장딴지에서 출발한다. 장딴지근과 아킬레스건의 기능이 궁금하면 의자에 앉아서 발목 아래위로 발끝을 움직여보라. '발꿈치 주변'을 힘껏 위쪽으로 당기거나 '발바닥'을 앞쪽으로 내리는 동작을 관장하는 근육이 장딴지근과 아킬레스건이다. 불사신인 아킬레스가 여기를 맞고 패해서 물러갔다는 이야기는 지당하며, 이 힘줄이 기능을 상실하면 사람은 두 번 다시 땅을 찰 수 없다.

물론 사족보행을 하는 동물의 뒷다리에도 장딴지근과 아킬레스건은 무척 중요하다. 그러나 직립보행하는 인간에게 그 중요성은 그들에 비할 바가 아니다. 모든 체중을 한 점에 집중시키면서 지면을 차는 작업에 들어가므로, 무게가 50킬로그램 정도 나가는 동물치고 인간의 아킬레스건은 엄청나게 튼튼하다. 그리고 뼈로 말하면 아킬레스건이 붙은 '발꿈치 주변'의 뼈 또한 다른 동물이나 원숭이들과 비교해 유달리 크다고 할 수 있다.

이제껏 숫자를 열거하지 않고 말했으나 조금은 객관적인 설득력을 원하는 독자를 위해 몇 가지 데이터를 관련 논문에서 인용해보겠다(표1). 이 표에 나열한 것은 지금까지 이야기해오면서 중요하게 언급했던 부분에 해당하는 숫자다.

우선 뒤꿈치에서 발가락 끝까지 발 전체의 크기를 비교해보자. 물론 영장류에 따라서 전신의 크기가 다르므로 공정하게 비교하기 위해 여기서는 척추의 길이로 나누었다. 사람속의 43.8이라는 숫자는 다채로운 영장류 중에서는 표준적일 듯하다.

또한 발허리뼈를 전체 발 길이로 나눈 30.4도 그 자체는 그다지 큰 수치가 아니다. 아치를 만드는 주역인 발허리뼈는 분명 훌륭하게 발달하긴 했으나 뼈의 길이만 놓고 보면 다른 원숭이도 별로 뒤지지 않는다.

그런데 여기부터가 문제다. 사람속의 '발꿈치 주변'을 다리 전체로 나눈 수치(표1) 50.2는 매우 크다.

| 표1 | 영장류 발뼈 크기의 상대비교 수치

	1	2	3	4	5
여우원숭이속	42.8	27.2	36.9	35.9	73.0
홀쭉이로리스속	40.0	24.4	30.5	45.1	75.8
갈라고속	55.7	15.9	53.3	30.8	71.5
안경원숭이속	83.2	20.3	48.5	31.2	71.9
타마린속	42.3	35.2	27.7	37.1	45.7
마모셋속	42.5	36.2	27.6	36.2	45.4
다람쥐원숭이속	41.0	32.8	30.5	36.7	54.5
꼬리 감는 원숭이속	46.2	31.5	31.5	37.0	64.0
양털원숭이속	44.8	28.4	31.3	40.3	57.7
마카크속*	43.1	32.7	31.8	35.5	55.2
잎원숭이속	45.1	31.9	29.9	38.2	50.2
콜로부스속	42.3	31.4	29.6	39.0	45.9
긴팔원숭이속	51.6	31.2	27.2	41.6	66.8
오랑우탄속	59.3	30.7	26.1	43.2	35.0
침팬지속	47.0	30.1	33.8	36.1	70.0
고릴라속	46.1	27.7	40.0	32.3	67.5
사람속	43.8	30.4	50.2	19.4	101.8

Schultz(1963)에서 요약 인용. 적절히 10의 거듭제곱을 곱해서 보기 편한 자릿수를 잡았다.

1_ 뒤꿈치부터 발톱 끝까지의 길이를 척추의 길이로 나눈 비율

2_ 제3중족골(가운뎃발가락으로 이어지는 '발바닥')의 길이를 뒤꿈치부터 발톱 끝까지의 길이로 나눈 비율

3_ 뒤꿈치를 만드는 뼈의 길이를 뒤꿈치부터 발톱 끝까지의 길이로 나눈 비율

4_ 가운뎃발가락의 길이를 뒤꿈치부터 발톱 끝까지의 길이로 나눈 비율

5_ 엄지발가락의 길이를 가운뎃발가락의 길이로 나눈 비율

*생소한 이름일 수도 있겠지만, 우리에게 친숙한 일본원숭이가 이 집단에 포함되어 있다.

174

갈라고*와 안경원숭이라는 무리가 사람에 필적하는데(표 1) 내막을 공개하면 이 두 집단은 영장류 중에서도 예외적으로 뒷다리를 이용해 나무 사이를 옮겨 다니며 사는 대단히 특수화한 생물이다. 장딴지근으로 도약능력을 얻으려고 아킬레스건이 붙어 있는 발목 부분이 거대해진 것이다. 이 두 무리를 제외하면 사람만 유난히 이 수치가 크다.

이어서 중지(가운뎃발가락)를 이용해 발가락 전체의 상대적 크기를 표시한 19.4라는 수치는 사람의 발가락이 발 전체에 비해 극단적으로 작음을 나타낸다. 원숭이들과 비교하면 발에서 차지하는 발가락 길이의 비율이 현저히 낮다. 이는 앞서 언급했다시피 사람의 뒷발이 움켜쥐는 기능을 상실했음을 나타내는 수치다. 이렇게 짧은 발가락으로는 나뭇가지는 커녕 줄기도 잡을 수 없다.

한편 엄지발가락의 비율을 나타내는 수치는 101.8이다. 100을 넘는다는 것은 가운뎃발가락보다 엄지발가락이 길다는 뜻이다. 생각해보면 그런 영장류는 분명 사람밖에 없다.

하지만 이 숫자에는 큰 의미가 담겨 있다. 엄지발가락이 큼직하게 만들어진 이유는 앞서 잠깐 언급했으나 체중을 이동시키면서 발을 땅에서 뗄 때 마지막엔 엄지발가락으로 땅을 차도록 하는 사람의 직립보행 요구에 따른 것이다.

● Galago   아프리카 대륙에 사는 로리스과의 야행성 영장류로 갈라고원숭이, 부시베이비, 나가피(아프리칸스어로 '작은 밤원숭이'라는 뜻)로도 불린다.

뼈를 통해서 얻은 수치는 사람의 직립보행을 위한 개조가 얼마나 대단했는지를 말해준다. 다른 동물에 비해 영장류의 수치가 크긴 하지만 유독 사람은 뒷발의 뒤꿈치부터 발끝까지 상당히 대담한 설계변경을 이룩했음을 알아차렸을 것이다. 평소에는 그러려니 당연하게 여겼던 사람의 발 모양이지만, 거기에는 사람의 직립보행을 근본적으로 뒷받침하는 진화의 디자인이 치밀하게 도입되어 있다. 우리는 발끝에 담긴 그토록 찬란한 디자인을 자랑스러워해야 할지도 모른다.

신체를 90도 기울이다

그런데 발에 아치를 만드는 것은 분명 중요하지만, 실제로 신체 전체를 두 발로 세우려고 하면 몸이 파탄 날 만한 새로운 문제가 발생한다. 신체 입장에서 봤을 때 이건 중력이 실리는 방향이 90도 회전하는 '사건'이다. 척추동물이 네 다리로 육지에 올라온 이후로 기본적인 신체형태에 실리는 중력의 방향은 항상 복면부터 지구의 중심으로 향했다. 물에서 뭍으로 올라온 이후 약 3억 7,000만 년 동안 척추동물이 받아온 중력의 방향은 늘 같았던 것이다.

그러나 사람과는 그 당연한 사실에 과감히 도전했다. 두 다리로 지상에서 뛰어다니기 이전에는 배복방향dorso-ventral view(등에서 배 쪽)이었던 중력의 방향이 두미방향cranio-caudal view(머리에서 꼬리 쪽)으로 바뀐다. 항상 이 상태를 유지하기 위해 아파르 원인은 새롭게 변경한 많은 설계를 신체에 도입하는 동시에 몇 가지 실패를 추가로 떠안았다.

우선 아파르 원인도 그리고 우리 인간도 다른 원숭이들에 비하면 현격히 폭이 넓은 골반을 가졌다(그림 39). 골반이란 실제로는 장골, 두덩뼈pubis(치골恥骨), 궁둥뼈ischium(좌골坐骨)라는 세 종류의 뼈가 유합한 허리뼈를 말한다.

이 뼈의 폭이 넓은 이유에 대한 하나의 대답이 90도 회전한 중력에 대응해 어떻게 내장을 지탱하느냐 하는 설계 디자인에 숨어 있다. 모든 사족동물은 배와 가슴 속에 있는 장기가 중력 때문에 복근과 늑골 쪽으로 빠지려고 하므로 내장이 들뜨지 않게 누르는 장치가 마련되어 있다. 가장 기본적인 방책은 등에서부터 막으로 매달고 지면에 가까운 복강 abdominal cavity(배안)의 내벽으로 밑에서부터 지탱하는 것이다. 모든 동물의 내장은 등에서 매달고 복면에서 받는 방법으로 중력에 대항해왔다.

그런데 직립보행을 시작하니 결국 중력은 신체의 꼬리 쪽에 작용해 내장을 끌어내린다. 이러면 사족동물 상태에서는 장기가 점점 아래로 처진다. 아울러 사람은 포유류이므로 임

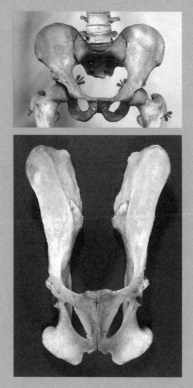

그림 39　사람의 골반(위)과 일본원숭이Macaca fuscata의 골반(아래)(국립과학
박물관 소장 표본). 사람의 표본은 척추와 다리뼈와 연결되어 있다.

신이라도 하면 평소보다 훨씬 무거운 자궁이 골반 쪽으로 내려간다.

그래서 강구한 결정타는 골반을 잔처럼 넓혀 내장을 밑에서 지탱하는 것이다. 이 장치만 있으면 내장은 낙하방지를 위한 튼튼한 바닥 면을 얻게 된다. 사족동물일 때의 복벽이 근육으로 이루어졌던 데 비해 이번에는 거대한 덩어리뼈 block bone가 바닥이 된다. 밑에서 받치는 장치로는 이토록 마음 든든한 것이 없다. 오히려 근육을 주체로 복벽이 지탱했던 시대에 비하면 견고성에서는 골반이 한 수 위일 것이다. 다만 '바닥 면적'이 지나치게 작은 점은 문제지만.

내장을 '고정'하다

한편 네 발로 걷던 시절에는 내장이 등이라는 잘 만들어진 천장에 매달려 있었지만, 이제 매단 쪽도 90도 회전해야 한다. 여러분의 몸을 90도 돌리자 내장의 새로운 천장은 횡격막이 되었다.

실제로 사람과에 들어간 단계에서 횡격막과 내장의 관계는 보통의 사족동물과 극적으로 달라졌다고 할 수 있다. 우선 다른 동물과 비교해 간과 위라는 큼직한 장기가 횡격막과의 연결을 강화한다. 원래 간은 횡격막에 여러 개의 막으로 연결되어 있었으나 정말로 중력에 대항했던 것은 횡격막에서 간의 등 근처를 관통해 하반신으로 가는 하대정맥 주변이다. 간에 미치는 중력의 대부분이 하대정맥에 실려 있다고 생각될 만큼 수직상태에 적합한 구조다. 하지만 사람과에서는 이들을 횡격막에 매달아야 한다. 그래서 사람은 무척 단순하게도 간의 윗면, 즉 흉부에 인접한 쪽을 횡격막에 찰싹 붙였다. 다시 말해 얇은 막으로 매다는 정도로는 중력을 정통으로 받았을 때 간이 제자리에 고정되지 않으니 간의 넓은 면적을 횡격막에 밀착하는 편이 낫다고 판단한 것이다.

덧붙여 소소한 개인사지만 오랑우탄 때문에 간의 형상에 관심을 가진 적이 있다. 여러 가지 동작을 할 때 신체를 수직으로 세우는 이 동물은 역시 사람과 마찬가지로 내장에 실리는 중력이 골반으로 향하는 경우가 발생한다. 그래서 오랑우탄의 간도 중력에 대항하는 형태가 된 것은 아닐지 의심을 품었다.

관찰 결과, 그들의 간은 횡격막에 견고하게 부착되어 있었고, 둘레는 흔히 보는 일반 사족동물의 간처럼 비교적 매끄럽고 동그스름하게 마무리되어 있었다. 실제로는 CT스캔 같은 도구로 형상을 기록하고 얼마나 동그스름한지 논의를 한다. 아무래도 중력이 골반 쪽부터 실려도 가장자리 구역marginal zone(변연대)에 대롱대롱 매달린 간이 어설프게 변형되는 것을 피하고자 동그스름한 덩어리로 진화했다는 추측이 성립한다고 한다. 어쨌든 유인원의 내장이 매달려 있는 방법과 그 비율은 여전히 거듭 검토해야 할 문제가 한두 가지가 아니다. 장담컨대 각각의 문제가 사람과의 내장형태가 가진 특징을 이해하는 데 중요한 사실을 가르쳐줄 것이다.

별것 아닌 직립보행일지도 모르나 그저 단순히 다리 개수를 반으로 줄이면 되는 문제가 아니라는 사실을 보았다. 설계변경과 개조는 여러 말을 할 필요도 없다. 내장에 관한 이야기 역시 한도 끝도 없지만 이쯤에서 잠시 쉬고 재차 발의 운동을 살펴보자. 이번에는 엉덩이 근육과 허리에 연결된 주변 부위에 주목해볼까 한다.

거대한 엉덩이의 수수께끼

내가 중학생 무렵이었나, 동계올림픽 피겨스케이팅 여자 싱글 종목에서 분발했던 와타나베 에미渡部繪美 선수의 숙적으로 드니즈 비엘만Denise Biellmann이라는 선수가 있었다. 1962년생의 스위스 사람이다. 그의 필살기, 가장 자신만만하게 쓰던 기술이 바로 그 유명한 비엘만 스핀이다. 다리를 뒤쪽 머리 위까지 들어올려 스케이트날을 손으로 잡고 다른

쪽 발로 얼음 위에서 회전하는 기술이다. 1970년대에는 관객에게 놀랍도록 강렬한 인상을 주기에 충분했다.

시대가 변해서 2006년 토리노 올림픽에서는 어지간한 출전선수면 모두가 당연한 듯이 비엘만 스핀을 구사했다. 멋지게 금메달을 낚아챈 아라카와 시즈카荒川靜香 씨의 주특기인 이나 바우어˙라는 이름이 30년 후 일본인의 기억에 남아 있을지는 모르지만, 적어도 비엘만의 이름은 영원할 듯하다. 정작 본인은 올림픽 메달과 인연이 없었으나 자신의 이름이 붙은 기술을 남겼다는 사실만으로도 선수에게는 대단한 영광이리라.

여기서 해부학적으로 화제가 되는 것은 이 스핀에서 발생하는 뒷발을 치켜드는 운동이다. 몸통 뒤로 발을 차올리는 것이야말로 직립보행 동물인 호모사피엔스의 비결이라고 할 수 있다. 골반에서 뒤쪽으로 발을 뻗는 것은 우리 사람과의 독무대다. 일단은 앞서 언급한, 잔처럼 퍼진 골반부터 이야기하기로 하겠다.

앞서 서술한 대로 사람은 평퍼짐한 골반으로 내장을 받치고 있다. 그러나 이 큰 골반의 본질을 보면 사람과는 결코 내

● Ina Bauer　다리를 앞뒤로 벌리고 발끝을 180도 벌려서 옆으로 활주하는 피겨스케이팅 기술로서 점프의 연결 등에 이용한다. 1950년대 서독 선수 이나 바우어 체네스Ina Bauer-Szenes(1941~2014)의 이름을 땄다. 팔을 위로 올리고 허리를 뒤로 젖혀서 아치 모양으로 휘어지게 하는 기술은 레이백Layback 이나 바우어라고 한다.

장을 받기 위해서만 잔처럼 펑퍼짐한 거대한 엉덩뼈Ilium(장골腸骨)을 진화시킨 것이 아니다. 문제의 부위를 비스듬히 뒤에서 살펴보자(그림 40).

원래 네 다리로 걸었던 시대의 원숭이와 사람과를 비교하면 골반을 기준으로 넓적다리뼈(대퇴골)가 뻗은 방향이 90도 달라진다. 원숭이나 보통 짐승의 경우 지면과 수평으로 놓인 골반에서 약 90도로 꺾인 대퇴골을 움직이면 보행이 가능하다. 사람과의 경우 대퇴골은 지면에 수직으로 선 상태다. 그런데 하필이면 척추에 평행으로 뻗어 있던 원숭이의 골반까지 척추와 함께 수직으로 서버린 것이다(그림 40).

사람과가 걸을 수 있으려면 이는 대단히 심각한 문제가 된다. 간단하니까 자신의 넓적다리를 앞뒤로 차면서 생각해보자. 사족동물이 발을 뒤로 찼을 때의 골반과 대퇴골의 관계가 우리 인간이 평소에 서 있는 상태에 가깝다는 사실을 깨달을 것이다. 척추와 골반과 대퇴골이 가지런히 평행으로 배열된 우리의 안정된 자세는 사족동물이 다리를 뒤로 냅다 뻗었을 때와 얼추 비슷하다.

그렇다면 사람과가 걷기 위해서는 큰 문제가 발생한다. 과감히 뒤로 뻗은 대퇴골을 다시 뒤로 차지 않으면 걸을 수 없지 않나. 그렇다, 사족동물로 말하면 창공을 향해 뒷발을

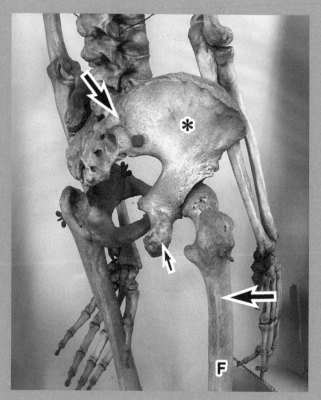

그림 40 사람 우측 허리 부근 뒤의 모습. F는 대퇴골이다. 크게 퍼진 장골(별표)은 내장을 밑에서 받치지만 여기서 넓적다리로 뻗은 거대한 근육(큰볼기근)이 발을 뒤로 구부리기 위해 발달했다. 큰 화살표는 장골과 대퇴골을 잇는 큰볼기근(대둔근)이 붙은 부위를 나타낸다. 보행운동에 반드시 필요한 위치에 있는 근육이다. 작은 화살표는 대퇴이두근biceps femoris 또는 넙다리두갈래근이라고도 하는 근육이 기시하는 좌골 영역을 나타낸다(국립과학박물관 소장 표본).

뻗는 만큼의 엄청난 운동이 걸을 때마다 발생해야 한다는 의미다.

이 문제를 해결하기 위해 사람과가 도출한 설계변경의 해답은 제법 훌륭하다. 그것은 지면과 수직으로 선 골반에서 다시 뒤쪽으로 넓적다리를 차는 방책이다. 가장 중요한 점은 그렇게 무리하게 구부려도 대퇴골이 골반에서 탈구하지 않고 꼭 끼이게끔 고관절의 깊게 움푹 팬 부분이 '뒷다리'를 단단히 고정하는 것이다. 그리고 엉덩이를 거대하게 만들어서 다리를 뒤로 차는 근육을 완성한 점은 특히 주목해야 한다.

벌거벗은 사람을 보면 거대한 엉덩이가 확연히 두드러진다. 원숭이 시대보다 훨씬 거대해진 장골(앞의 그림 39, 그림 40 참조)의 넓어진 면적을 이용해서 비교할 수도 없이 커진 엉덩이 근육이 다리를 향해 기시[*]한다. 그런 까닭에 기껏해야 50킬로그램 전후의 동물치고는 사람과, 적어도 호모사피엔스는 엉덩이뼈와 근육 전체가 이상하리만치 크다.

너무 당연하기에 신경 쓰지 않았을지도 모르지만 커다란 골반과 커다란 엉덩이 근육은 이 동물의 몸매 비율로는 이상하다. 엉덩이 근육은 큰볼기근gluteus maximus muscle(표층둔부근)이라고 부르며 장골의 등 쪽 근처에서 대퇴골의 뒷면을 연결한다(앞의 그림 40 참조). 이 위치에 큰 근육이 있으면 수

● Origin 골격근이 수축할 때 이동성이 없거나 작은 뼈에 붙어 있는 부착점을 기시Origin라고 하고, 이동성이 많은 뼈에 붙어 있는 부착점을 정지insertion라고 한다.

직인 체축에서 넓적다리를 한껏 뒤로 차는 동작이 가능하다. 뒷발을 하늘로 뻗는 이 동작은 사족동물에게는 절대로 불가능하다.

한편 골반 측면으로 돌출한 엉덩이는 반드시 큰볼기근 때문이라고는 할 수 없다. 약간 전문적이지만 엉덩이의 폭과 직접 관계되는 골반 측면의 확대에 가장 큰 혜택을 입은 것은 큰볼기근 옆을 주행하는 중간볼기근gluteus medius muscle (중둔근)이라는 근육이다. 중간볼기근은 잔처럼 퍼진 사람의 골반 바깥쪽 근처의 커다란 면에서 기시한다. 그리고 여기서 대퇴골의 바깥쪽 근처를 연결해 넓적다리를 잡아당긴다. 직립보행하는 동물의 바깥 차기 동작의 주역인 큰볼기근만큼 화려한 각광을 받지는 않아도 역시나 직립보행에는 불가결한 근육이다. 중간볼기근은 넓적다리를 바깥쪽으로 뻗거나 다리를 벌리는 동작을 할 때 자주 작용한다. 단, 안쪽 허벅지와 안짱다리를 만들 때도 활약하며, 단조로운 운동을 만드는 큰볼기근에 비하면 대퇴부에 복잡한 운동을 발생시키므로 수수해 보여도 직립보행에서는 무척 중요한 역할을 한다. 실제로 사람의 경우 보행 중에 한쪽 발이 공중에 뜨는 순간이 있는데, 그때 고관절 주변에서 좌우방향의 균형을 조절하는 것은 이 중간볼기근이다.

큰볼기근도 중간볼기근도 직립보행 시대 이전에는 중요도로 말하면 비교적 지위가 낮은 근육이었다.

물론 이들 둔부 근육은 일반 동물들의 몸에서도 고관절의 신전°과 굴곡°°의 주요한 동력이므로 명심해야 하는 근육이다. 하지만 네 발 달린 포유류가 걸을 때 이용하는 힘 센 근육은 볼기근과는 전혀 별개의 설계도를 가진 대퇴이두근이라는 근육이다(그림 41)(졸저,『소의 동물학』,『포유류의 진화』). 네 발을 이용해서 사는 모든 포유류에게 넓적다리를 뒤로 차는 동작에서 가장 중요한 것은 이 대퇴이두근이다. 실제로 네 발 달린 보통 포유류의 보행방법을 연구할 때 대퇴이두근은 단연 최우선 검토 대상으로 꼽을 만큼 중요한 근육이다.

대퇴이두근과 볼기근, 둘의 명확한 차이는 근육이 기시하는 장소에 있다. 앞서 화제로 삼은, 직립보행에 쓰는 둔부의 근육들은 위치의 차이는 있어도 주로 장골에서 기시한다. 한편 대퇴이두근의 출발지점은 좌골이라는 부위다(앞의 그림 40 참조). 지면에 수평인 골반이 대퇴골을 뒤로 당겨서 가는 사족보행을 한다면 좌골에서 시작하는 대퇴이두근은 가장

● 伸展, extension　팔꿈치를 펴는 운동처럼 관절 양쪽의 뼈가 만드는 각도가 커지고, 관계하는 뼈가 서로 멀어지는 운동.

●● 屈曲, flexion　팔꿈치를 구부리는 운동처럼 관절 양쪽의 뼈가 만드는 각도가 작아지고 관계하는 뼈가 서로 근접하는 운동.

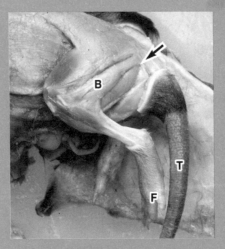

그림 41　네발가락쌀텐렉*이라는 네 발 달린 포유류를 이용해 왼쪽 뒷발을 바깥쪽에서 본 장면이다. 껍질을 벗겼으나 발끝(F)과 꼬리(T)가 보이므로 동물의 형태를 이해할 수 있을 것이다. 사족동물에게 걸을 때 중요한 것은 대퇴이두근(B)이다. 이 근육은 볼기근과 달리 골반 혹은 궁둥뼈(화살표)에서 출발해서 넓적다리, 무릎, 정강이의 넓은 영역에 도달한다. 보통의 네 발 달린 포유류는 이 근육을 이용해 땅을 차며 앞으로 나아간다.

● **Four toed rice tenrec**　아프리카 땃쥐목Afrosoricida 텐렉과의 쌀텐렉속Oryzorictes에 속하는 포유류의 일종으로 호바두더지텐렉Oryzorictes hova과 네발가락쌀텐렉Oryzorictes tetradactylus이 있다.

이상적인 위치에 있다. 그러나 골반을 세워버린 사람은 좌골과 대퇴골을 근육으로 연결해도 넓적다리를 뒤로 당기는 힘을 얻을 수 없다. 이리하여 대퇴이두근은 엉덩이 근육들에 주역의 자리를 내주었다. 사실 사람의 대퇴이두근은 큰볼기근에 비하면 명색뿐인 크기로 축소되고 만다. 이 또한 두 발로 걷는 직립보행으로 바뀌었을 때 반드시 필요하다고 여긴 설계변경이다. 잔처럼 퍼진 사람의 거대한 장골과 거기에 달라붙은 볼기근의 발달은 두 발로 살기 위한 설계변경 중에서도 꽤 극적인 개조라고 할 수 있다.

사실 이번 단락에서는 아파르 원인 외에 동아프리카의 직립보행 개척자를 언급하기가 약간 망설여진다. 적어도 초기 원인의 직립보행 양식에 대해서는 아직 해결되지 않은 것이 여러 가지이기 때문이다. 앞서 예로 들었던 통칭 루시라는 원인은 무척 좋은 골반 화석을 남겼으나 정말로 아파르 원인이 호모사피엔스와 같이 골반을 수직으로 세웠는지는 지금도 논의할 여지가 있다. 특히 아파르 원인의 경우 고관절을 직립보행용으로 완성했다고는 생각되지 않으며 사람처럼 뒤로 차면 대퇴골이 골반에서 빠져 흔들릴 가능성이 있다. 요컨대 사람과 같은 자세로 걸었다면 넓적다리가 탈구되어버렸을지도 모른다. 초기 원인의 골반이 대퇴골과 어떤 각도를 이루며서 있었는지는 좀더 꾸준한 연구가 필요한 내용이다.

S자에 담긴 디자인

많은 이가 알고 있을 듯한데, 땅과 수직방향으로 선 골반에서 일어선 척추지만 사실 직선과는 거리가 있다. 옆에서 봤을 때 크게 S자를 그리는 것이 사람의 특징이다. S자라 해도 조화로운 S자 곡선이 아니다. 목에서 내려와 흉부 근처는 완만하게 등 쪽으로 볼록해진다. 이어서 복부에서 완만하게 배쪽으로 곡선을 그리다가 반대로 허리 부근에서는 급격히 등쪽으로 휘어지면서 꼬리 부분에 도달한다(그림 42).

원숭이를 비롯해 평범한 대부분의 포유류도 척추는 곧게 배열되어 있는 것이 아니라 가벼운 곡선을 그린다(그림 43). 원래 흉부 부근에서 가볍게 등 쪽으로 만곡灣曲, 즉 활모양으로 굽는다. 그리고 이것을 골반째 수직으로 세웠다고 치면 가장 크게 영향을 받는 것은 허리 주변이다. 골반은 수직으로 서 있지만 골반과 관절을 만드는 천골sacrum 주변은 꽤 앞쪽으로 수그린 상태다. 사족동물이던 시절에는 이 천골에서 일련의 척추가 완만하게 구부러지며 이어져 있으면 그만이었을지 몰라도 사람의 척추는 하늘을 목표로 올라가야 한다. 따라서 요추 근처에서 급커브를 그리며 지면과 수직방향으로 배열된다. 이렇게 해서 결코 아름답다고 보기는 어려운 척추의 S자 곡선이 완성된다.

이 S자는 사람의 중심이 되는 위치를 결정하는 데 중요한 역할을 한다. 여러분의 집에서 기르는 개나 제 갈 길을 가는 길고양이들 역시 그러하듯이 네 발 달린 포유류는 신체의 앞부분에 중심을 두고 앞다리에 체중을 싣듯이 걷기 때문에 몸의 절반을 움직여서 중심을 뒷다리 바로 위로 가져오기가 매우 어렵다. 이 S자 곡선 덕에 계속해서 뒤에 상반신의 체중을 실음으로써 사람과는 대퇴골 바로 위에 동체와 머리까지 튼튼히 고정시킬 수 있었던 것이다. 개척자의 후보인 아파르 원인이 중심을 뒷다리에 실은 방법이 지금의 우리와 완전히 동일한지는 여전히 수수께끼지만 다양한 증거로 봤을 때 원인들도 S자를 만들면서 직립보행하는 방법을 획득한 것 자체는 명백한 사실이다. S자는 전후방향의 균형을 잡기 위해 필요한 설계의 묘였다고 할 수 있다.

이 장에서는 사람과의 설계변경과 개조가 상당히 뛰어났다는 사실과 동시에 그것이 짊어진 숙명적인 결함도 주제로 삼았다. 그러나 우선 훌륭한 골반개조 솜씨에 경의를 표한다. 체중을 뒤쪽으로 옮기고, 일어선 골반부터 뒷발질한다. 그것은 온갖 개조를 망라해서 네 발 달린 신체를 두 다리에 응용

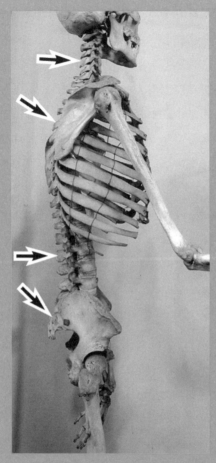

그림 42 사람의 척추(화살표)를 측면에서 보았다. 척추는 직선으로 배열된 것이 아니다. 이렇게 S자형으로 이어진 것도 사람과에 생긴 설계변경의 증거다(국립 과학박물관 소장 표본).

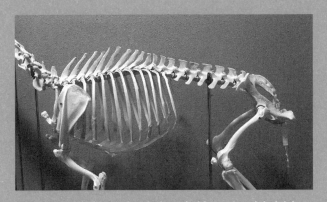

그림 43　전형적인 사족동물의 골격. 사슴류의 척추 흐름을 보이며 전체적으로 완만한 곡선을 그린다. 개념적으로는 이것을 수직으로 세워서 만든 것이 사람의 척추다(국립과학박물관 소장 표본).

하려고 했을 때 가능한 설계변경 중에서도 가장 단순한 디자인이라고 할 수 있을지 모른다.

아울러 앞서 언급했던 비엘만 스핀은 물론 보통 사람은 흉내 낼 수도 없는 신체적 유연성의 소산이다. 고관절의 형상에도, 그것을 움직이는 근육의 능력에도 개인 간에 타고난 차이와 숙련도의 차이는 클 것이다. 그러나 굳이 말한다면 비엘만 스핀은 훌륭하게 개조된 호모사피엔스의 설계에서 근본적으로 일탈한 동작은 아니다. 이 운동에서 골반 자체를 앞으로 확 숙여서 엎드린 뒤에 스핀이 시작된다는 점에 유의하기 바란다. 스핀에 들어가는 선수의 골반은 어떤 의미에서 네 발로 걷는 동물과 똑같이, 심지어는 더 낮게 허리를 굽힌다.

일정한 훈련을 쌓고 신체의 유연성도 타고난 사람은 골반을 기울이기만 하면 뒤로 완전히 구부린 다리가 머리 위까지 도달한다. 적어도 사람의 고관절은 그것을 가능하게 하는 설계변경을 이루었다. 그리고 나머지는 장골과 볼기근에 맡기면 그 필살기는 문자 그대로 호모사피엔스도 획득할 수 있는 동작이다. 물론 극히 일부의 인간이 비상하게 단련한 결과 가능해진 자세지만 사람이 되기까지의 진화적인 설계변경은 언뜻 보면 그러한 놀라운 운동에까지 길을 터주었다고 할 수 있다. 반대로 말해 원래 골반이 수평인 원숭이나 개나 소나 쥐의 고관절이 화려한 빙상 스핀을 연기할 수 있느냐면, 뼈의 구조 자체가 다르기 때문에 불가능하다.

여문 손

엄지손가락을 돌리기 위해

리하르트 슈트라우스의 〈차라투스트라는 이렇게 말했다〉가 장중하게 울려 퍼지고 유인원 단계의 인류 조상이 던져 올린 동물 뼈(무기)가 기능미 넘치는 우주선으로 바뀐다. 영화 〈2001 스페이스 오디세이〉의 이 도입부 영상은 많은 독자 여러분의 기억에 새겨져 있을 것이다. 동물을 앞으로 걷게 만들기 위한 장치였던 앞다리는 일단 자유로워지자 나뭇가지를 잡고, 음식물을 나르며, 도구를 만들고, 마지막에는 문명을 구축하는 수준에까지 도달한다. 물론 뇌가 어느 정도 보조를 맞춰서 진화해야겠지만 앞다리는 인류의 운명을 결정하는 데 지대한 역할을 했다.

지금부터 잠시 앞다리, 그것도 앞다리의 끝과 끝에 연결되어 있는 엄지손가락과 그 주변 이야기를 하겠다. 엄지손가락은 사람의 신체 전체에서는 극히 작은 부위지만 아마도 과거

약 500만 년이 담긴 그 진화의 디자인은 우리의 신체 역사에서도 꽤 우수하고 나아가 대성공을 거둔 설계변경으로서 아로새길 가치가 있다.

사람이 직립보행으로 입은 최대의 혜택은 앞다리가 체중을 지탱하는 책임으로부터 해방되었다는 것이리라. 본래의 역할대로 몸을 지탱할 뿐이었다면 손을 쓰거나 손에 부담을 주는 일이 없어 도리어 편해졌을 것이다. 그런데 사람과는 이 앞다리로 쉬지를 않고 온종일 작업을 하게 되었다. 이동을 뒷다리에 맡기고서 걸을 때도 자유로워진 앞다리는 자연계를 살아가는 데 굉장한 '무기'로 탈바꿈한다.

보행작업에서 구조조정을 당해 처치곤란이 된 앞다리의 끝부분은 놀라운 설계변경을 받아 전대미문의 정교한 구조로 탈바꿈하게 되었다. 사람이 획득한 그 구조가 바로 무지대향성拇指對向性, thumb opposability이라는 경이로운 특성이다.

백문이 불여일견이다. 사과나 야구공, 두툼한 책 등 아무거나 잡아보라. 어지간한 괴짜가 아니면 솜씨의 차이는 있을망정 엄지손가락과 다른 네 개의 손가락 사이에 사과든 공이든 책이든 끼워 넣을 것이다. 우리 인간은 엄지손가락과 그 이외의 손가락을 마주 보게 해서 사물을 잡는다. 장담컨대 '아무렴, 당연히 그렇지'라고 동의하리라.

그러나 세상을 둘러보기 바란다. 여러분의 개는 어떤가? 길모퉁이의 고양이는? 애완동물 가게의 생쥐는? 경마장의 말은? 동물원의 코끼리는? 기린은? 언뜻 물건을 잡고 있는 듯이 보이는 토끼도, 다람쥐도, 햄스터도 앞발을 자세히 보면 엄지발가락이 방향을 바꾸는 것이 아니라 큰 발바닥과 길쭉한 발가락으로 '움켜쥐는' 동작을 하고 있다. 이미 눈치 챘겠지만 세상의 많은 동물 중에 엄지손가락을 손목 부근에서 휙 돌려 다른 손가락에 접근시켜서 그 힘으로 물건을 잡는 동물은 인간이 유일하다.

전문가는 이 엄지손가락 주변을 휙 돌리는 구조를 무지대향성이라고 부른다. 왜 사람만 이 구조로 진화했느냐는 의문에 간단한 대답을 내놓기는 어렵다. 그러나 사람과에 대해 분명히 말할 수 있는 것은 앞다리가 보행 용도에서 완전히 해방되었다는 것이다. 그리고 또 다른 요인으로 원숭이류의 경우 일반적으로 무지대향성이 성립하지 않아도 원래 무지拇指(엄지손가락)를 포함한 많은 손가락이 존재해서, 비교적 작은 설계변경으로도 무지대향성이 실현 가능한 상황을 꼽을 수 있다. 쉽게 말해 중지(가운뎃손가락) 하나로 뛰어다니는 말과 사실상 중지와 약지밖에 남지 않은 소에 비하면 사람으로 진화하는 영장류는 무지대향성을 실현하기 쉬운 모체다.

여기서 짜임새의 형태를 통해서 본 무지대향성의 내막을 밝혀야 한다. 엄지손가락을 돌려서 사물을 잡는 이 운동이 가능한 이유는 사람의 제1중수골first metacarpal bone과 큰마름뼈Trapezium(대능형골) 사이에 기묘한 곡면 관절이 만들어져 있기 때문이다.

난데없이 등장한 뼈 관련 용어에 절대 기죽을 필요는 없다. 제1중수골이란 엄지손가락이 연결된 손바닥의 뼈이고, 큰마름뼈란 그 제1중수골과 접속되어 있는 손목 부분의 그리 크지 않은 뼈다(그림 44).

진화가 이 두 개의 뼈에 집어넣은 터무니없는 장치는 뼈끼리 다른 두 방향으로 구부릴 수 있도록 만들어졌다. 좀 색다른 형태의 관절 면이다. 곡면이 말의 안장처럼 보이므로 사람의 손만이 아닌 이 형태의 관절을 일반적으로 안장관절Saddle joint 또는 안관절鞍關節이라고 부른다. 그러나 이만큼 전형적인 안장관절은 좀처럼 보기 어렵다. 이 관절 덕분에 엄지손가락이 연결된 손바닥뼈는 손목을 기점으로 그저 구부리고 펴기를 반복할 수 있을 뿐 아니라 다른 손가락과 마주보게끔 반대방향으로 거의 90도 회전할 수 있다.

뼈만 보지 말고 근육을 붙여 생각해보자. 사람의 엄지손가락을 손바닥의 중수골中手骨(손허리뼈)과 마주 보게 하려면 대략 세 종류의 근육이 작용한다. 무지대립근拇指對立筋, Opponens pollicis muscle(엄지맞섬근)과 단무지굴근短拇指屈筋, Flexor Pollicis Brevis Muscle, 그리고 무지내전근拇指內轉筋, Adductor pollicis muscle이라는 근육이다(그림 45).

앞에서 무지대향성을 실현한 것은 사람과가 유일하다고 했다. 그러나 예외적으로 원숭이, 특히 유인원이 한 걸음 더 나아가 무지대향성이라는 단계에까지 어느 정도 도달했다(그림 46, 그림 47).

하지만 여전히 인간과 유인원이 도달한 정도는 너무 다르다. 침팬지의 생기다 만 무지대향성은 다소 시늉은 냈을지언정 도저히 사람의 무지대향성에 비견할 만한 기능성을 보이지는 않는다. 그것은 근육의 크기에서도 드러난다. 엄지손가락을 다른 네 손가락과 마주 보게 하고 나아가 그 나름대로의 힘으로 수축시키는 역할을 하는 무지대립근은 수많은 영장류 중에서도 인간에게만 존재하며 그 크기도 두드러진다. 여러분은 자기 엄지손가락이 연결된 부분에서부터 손목에 걸쳐 선천적으로 큰 근육 덩어리가 붙어 있는 것을 한 번도 이상하게 생각한 적이 없을 것이다. 그러나 그것은 포유류 중에서도 사람과로 발전한 우리에게만 있는, 유례가 드문 뛰

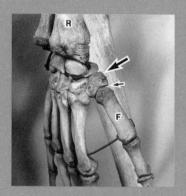

그림 44 사람의 오른손 중 제1중수골(F)과 큰마름뼈(큰 화살표). 작은 화살표는 안장관절이라고 부르는 관절 면을 나타낸다. 자유도가 큰 이 관절 덕분에 제1중수골은 엄지손가락째로 회전해 무지대항성을 실현한다. R은 팔뼈 중 노뼈(국립과학박물관 소장 표본)에 해당한다.

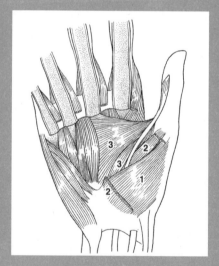

그림 45 사람의 무지대항성을 실현하는 근육을 오른손을 예로 그려보았다. 무지대립근(1)과 단무지굴근(2), 무지내전근(3)이다. 실제로 어디쯤에 있는지는 여러분의 손바닥을 보면 금방 이해할 것이다.

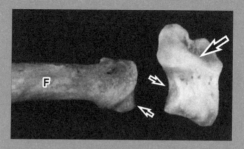

그림 46 침팬지의 왼손 중 제1중수골(F)과 큰마름뼈(큰 화살표). 안장관절(작은 화살표)은 성립하지만 무지대항성의 완성도는 여전히 낮다(일본야생동물의학 회지에서 옮겨 실음).

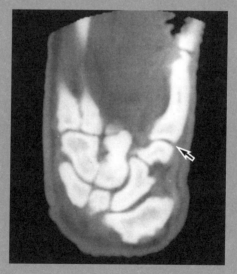

그림 47 침팬지의 손바닥을 CT스캔해서 수평으로 잘라보았다. 그림 위쪽이 손가락, 아래쪽이 손목과 팔에 해당한다. 여러분 자신의 손바닥과 비슷하다고 생각할지도 모르겠다. 화살표 부분은 성능이 별로 향상되지 않은 문제의 안장관절이다(일본야생동물의학회지에서 옮겨 실음).

어난 설계변경의 결과다.

거대한 뇌

뇌의 '역량'

뇌의 역량, 생각하면 그것이 사람의 정체성일 것이다. 사람이든 동물이든 뇌에 생각하는 힘이 얼마나 있느냐는 질문에 먼저 해부학의 눈이 도전해본다.

가령 머리가 큰 동물은 뇌도 그 나름대로 커지거나 복잡하게 주름이 잡혀 있는 식으로 다른 신체부위와 다르지 않은 양상을 보인다. 그러므로 우리는 우선 종마다의 독특한 크기와 형태를 눈여겨보기로 하자. 물론 철학을 말할 수 있는 호모사피엔스의 뇌보다 코끼리의 뇌가 큰지를 논의하는 것은 형태를 보는 그릇된 감각이다. 체중이 50킬로그램인 우리와 5,000킬로그램인 〈아기코끼리 덤보Dumbo〉의 모델 간에 직접 뇌의 용량을 비교하는 것은 무의미하다.

손때 묻은 데이터지만 간단히 뇌의 용적을 전신의 치수로 나누어보았다. 표 2는 자주 이용되는 데이터를 바탕으로 해서 체중순으로 뇌의 용적을 비교한 것이다. 주목해야 할 것

|표2| 이토록 거대해진 사람의 뇌

동물의 종	체중(kg)	뇌 용적(cc)	대뇌비율 지수의 예*
피그미 마모셋**	0.072	6.1	0.352
홀쭉이로리스**	0.27	6.5	0.156
산토끼	2.5	10	0.054
흑백목도리여우원숭이**	3.4	32	0.142
동부흑백콜로버스**	8.6	62	0.147
개(비글)	10	75	0.162
침팬지**	45	390	0.308
오랑우탄**	55	420	0.290
사람**	65	1,400	0.866
말(서러브레드종)	600	600	0.084
소(홀스타인)	650	450	0.060

체중과 뇌 용량은 표준적인 수치와 실측치를 이용했다.
가축의 데이터는 사사키 모토키 박사(오비히로축산대학)의 협력을 얻었다.
＊표 안에 배치된 순서는 임의적이다. 뇌 용적÷체중의 2/3승
＊＊ 영장류를 나타낸다.

은 가장 오른쪽 열에 있는 대뇌비율 지수EQ, Encephalization Quotient라는 칸이다. 이 지수는 신체 크기 때문에 뇌의 능력이 결코 크지 않은 종도 뇌 용적이 커 보이는 것을 보정하기 위해 뇌 용적을 체중의 3분의 2승으로 나눈 숫자다. 뇌의

기능성을 나타내는 수치로 비슷한 지수(머리뼈 지수cephalic index, 머리뼈 앞뒤 길이에 대한 폭의 비율)가 여러 가지 제안되어 있으니 여기서는 대뇌비율 지수의 예로서 이 식을 이용해 논의하기로 하겠다.

대뇌비율 지수의 효용이란 뭉뚱그려 이 숫자가 크면 그 종이 '머리가 좋다'는 기준으로 쓸 수도 있다는 말이다. 표를 보면 분명하듯이 전반적으로 원숭이류, 즉 영장류는 역시 큰 대뇌비율 지수를 나타낸다. 확실히 원숭이류는 상대적으로 큰 뇌를 가졌고, 역시 '머리가 좋다'고 표현할 정도로 실제 뇌 기능도 높다.

앞에서 프로콘술을 예로 들어 말했듯이 나무에 오르는 생활형태가 뇌의 기능적 발달을 촉진하고 큰 뇌를 낳은 것이 분명하다. 원숭이를 제외하면 토끼와 소, 말 같은 초식동물의 뇌는 비교적 작고, 반면에 개의 수치는 일부 영장류에 육박할 정도다.

일반적으로 민첩하고 격렬한 운동이 필요하며 때로는 복잡한 작전을 짜서 사냥을 하는 육식동물은 대뇌가 발달한다고 여겨왔다. 물론 사육하는 가축인 말과 애완용 개의 영리함을 단순히 비교하기는 무리이므로 대뇌비율 지수는 어디까지나 그저 기준에 불과하다.

여기서 우리 인간이 나설 차례. 대뇌비율 지수 0.866이라는 값은 이미 다른 어떠한 동물과도 비교 불가능한 수치다. 문명을 구축하고, 전쟁을 저지르며, 미와 예술 창조에 심취하고, 우주의 진리를 추구하며 학술을 연구하는 능력은 이월등히 큰 뇌만이 낳는다.

영장류 중에서도 사람을 따라갈 만한 것은 침팬지와 오랑우탄처럼 특히 고도의 능력을 갖춘 유인원뿐이다. 그들도 역시 수치로는 그저 0.3 전후를 오락가락한다. 피그미 마모셋의 값이 약간 크지만 이는 영장류 중에서도 최소 수준의 체중이라는 점이 대뇌비율 지수의 분모에 영향을 주었다고 생각해야 한다.

아울러 사람과에 대한 단서가 된 동아프리카의 빛나는 원인 오스트랄로피테쿠스 아파렌시스는 화석을 계측한 데이터를 통해 체중은 50킬로그램가량, 뇌 용적은 400세제곱센티미터 정도로 추정된다. 만일 대뇌비율 지수로 논의하면 루시 아가씨가 지금 살고 있는 유인원인 침팬지나 오랑우탄과비슷한 성능의 뇌를 갖고 있었다는 뜻이리라.

월등한 크기

여기서 무척 간단한 사실을 확인하겠으니 표 2를 다시 한번

보라. 사람의 대뇌비율 지수가 유별나게 큰 이유는 마모셋처럼 체중이 가벼워서가 아니라 어쨌든 뇌가 너무 크기 때문이다. 호모사피엔스인 까닭에 가분수인 것은 아주 당연하다.

'아무리 그래도 이런 뇌는 없겠지?'

호모사피엔스는 이상한 크기의 뇌를 생각만 한 것이 아니라 실현한 것이다(그림 48). 대체 이렇게 되는 과정에서 무슨 일이 일어난 것일까.

여기서 기존의 논의를 떠올리기 바란다. 뇌 용적이 400세제곱센티미터인 아파르 원인부터 1,400세제곱센티미터인 호모사피엔스까지가 대략 약 400만 년. 400만이라는 숫자를 장구한 역사로 생각할지도 모르나 포유류가 적어도 과거 6,000만 년, 한껏 거슬러 올라가보았자 2억 년 정도 그 나름대로 번영했던 사실로 미루어보면 그저 일순간의 사건이다. 이 사이에 뇌의 용적을 세 배 이상으로 만들게 된 사건이 대체 무엇일까.

해부학자는 여기에 도구라는 한 가지 개념을 도입했다. 현재의 원인류인 침팬지와 오랑우탄을 보면 뇌 용적이 아파르 원인과 큰 차이가 없다. 그러나 유인원은 다행히 지금도 살아 있는 육신이다. 그렇다면 '호모사피엔스가 되기 직전'의 뇌에 근접하기로 치면 루시 친척들의 화석보다 여러분 동네

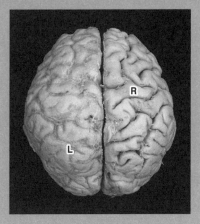

그림 48 포르말린 고정액에 담가 보존한 사람 뇌의 표본을 정수리 쪽에서 보았다. 그림 위쪽이 이마 근처, 아래쪽이 후두부에 해당한다. L이 좌측, R이 우측 대뇌 반구大腦半球, cerebral hemisphere다. 용적 1,400세제곱센티미터의 이 뇌는 몸 무게 50킬로그램 전후의 동물치고는 너무나도 거대하다. 좌반구에는 뇌를 감싼 막이 남아 있으며, 대뇌의 표면은 직접 노출되어 있지 않다(효고兵庫의과대학 세 키 마코토關眞 박사의 협력으로 촬영).

에 있는 동물원의 유인원이 더 많은 것을 가르쳐줄 가능성이 있다. 실제로 유인원 연구를 통해서 어디까지나 원숭이, 즉 동물의 것이었던 뇌가 어떻게 사람의 뇌가 되었는지를 시사하는 연구성과가 축적되어왔다. 아무래도 도구의 활용과 제작 같은 손재주를 요하는 작업 덕분에 뇌가 갈수록 빠르게 고도로 발달하면서 거대해졌다고 짐작된다. 당장 뭔가 흔한 것을 도구로 이용하기만 해도 손의 악력을 섬세하게 조절하는 능력이 길러졌을 것이다.

침팬지는 야생에서 돌을 이용해 단단한 나무 열매를 쪼갠다. 오랑우탄은 나뭇가지로 물의 깊이를 재고 안전하게 강을 건널 수 있는지 판단한다. 아시아의 유인원인 오랑우탄이 비오는 날에는 큰 나뭇잎을 우산처럼 머리에 쓰고 몸이 젖는 것을 방지한다는 건 예로부터 널리 알려진 사실이다. 고릴라 역시 나뭇가지를 늪에 꽂아 그 깊이를 재거나, 체중을 지탱하며 걸어가는 행동이 최근에 확인되었다. 억측일 뿐이라고는 하나 이러한 행동은 당연히 사람과의 초기부터 발견되었을 테고, 그것이 뇌의 크기와 기능을 급격히 확대시켰음 직하다.

좌우의 역할 분담

사람과의 특질은 단순히 도구를 이용할 뿐만 아니라 제작도 할 수 있다는 것이다. 일찌감치 원인이 돌을 쪼개서 석기를 만들었던 것은 분명하다. 실제로 250만 년은 넘는 것으로 규명된 석기가 아프리카에서 다수 발견된다. 이 시대를 대표하는 원인은 일명 가르히 원인*이다. 아파르 원인보다는 조금 새로운 시대의 원인으로 아파르 원인과 비교해 뇌는 아직 커지지 않았으나 다리가 길어지는 등의 파생적인 형태를 화석으로 남겼다. 가르히 원인은 아무래도 석기를 만들고 그것으로 동물을 해체해서 먹었던 듯하다. 그들의 화석 가까이에서 다수의 석기 파편과 그것으로 해체했으리라 추정되는 동물의 잔해가 발견되었다.

가르히 원인의 석기는 단순히 돌을 쪼개기만 한 것이라 인공물치고는 아주 조잡하다. 그러나 지구상에서 사람과 이외의 종은 도저히 실현할 수 없을 만큼 손재주 없이는 만들 수 없는 것이기도 하다. 그리고 필시 도구제작 단계까지 도달하면 이른바 뛰어난 기량이 확립될 가능성이 높다.

● *Australopithecus garhi* 오스트랄로피테쿠스라는 학명은 '남쪽의'라는 뜻의 라틴어 '오스트랄로스australos'와 '원숭이'라는 뜻의 그리스어 '피테쿠스pithecus'에서 나왔으며, '가르히'란 인근 아파르 부족의 말로 '놀랍다'는 뜻이다. 1996년 팀 화이트가 에티오피아 아와쉬강에서 도축용 도구와 함께 발견한 화석 인류로 석기를 쓴 최초의 인류라고 여겨진다. 약 300만~200만 년 전에 살았으며 다른 오스트랄로피테쿠스보다 한결 발전된 사회를 가졌다.

뛰어난 기량이란 야구에서 왼손잡이 투수가 강한 좌타자를 막는 데 유용한 운동을 하는 팔이 좌우 어느 쪽이냐는 형식적인 문제에 그치지 않는다. 동물의 대뇌는 반구라 부르는 좌우 두 덩어리로 나뉘어 있으며, 주로 숨뇌Medulla oblongata(연수延髓)에서 신경을 교차시키면서 명령을 입출력하므로 좌측 대뇌반구가 우반신의, 우측 대뇌반구가 좌반신의 감각과 운동을 대부분 관장한다. 그 결과 사람과들에게 주로 쓰는 팔이 생기는 것은 좌우 대뇌반구가 균등하지 않고 어느 한쪽으로 치우쳐서 기능이 분화한다는 의미다.

사실 그 뛰어난 기량은 현생유인원에서 완성되어 좌우 대뇌반구의 분화도 확실히 발생한 것으로 알려졌다. 유인원은 도구를 능숙하게 쓸지언정 석기를 만든 것은 아니지만, 이 단계에서 이미 두 반구의 기능적인 분화가 개시된 것이다. 물론 사람과의 생활이 고도화하면 기량이 뛰어난 사람도 더욱 어려운 과제를 해내게 되면서 좌우의 뇌 기능 분화가 점점 빠른 속도로 발달한다고 짐작할 수 있다. 실제로 현재의 사람은 계산을 시키면 좌뇌가 활성화하고, 사물을 연상시키면 우뇌가 작용한다는 사실이 판명되었다. 업무 내용을 좌우의 뇌가 구분해서 처리하는 것이다. 그리고 지금부터 다룰 언어에 관한 좌우 뇌의 역할 분담은 뇌의 설계변경이라고 할 만한 가장 극적인 변화일지도 모른다.

기능 분화가 발생한 이유

언어에 관한 이야기를 시작하기 전에 직립보행이 사람과에게 언어를 고안하기 위한 필요조건이었으리라는 이야기부터 정리하겠다. 두 다리로 걸었기 때문에 고도의 언어·음성 소통이 가능하도록 사람의 구조를 변경하는 길이 열렸다는 명쾌한 이야기다.

사람과는 꼿꼿이 섰을뿐더러 목, 즉 인두咽頭, Pharynx(식도와 후두에 붙어 있는 깔때기 모양의 부분)가 중력의 방향으로 푹 꺼지면서 인두 주변 영역에 공동空洞이 형성되었다고 본다. 이 공동을 이용하면 근육의 미묘한 움직임을 바탕으로 공기를 진동시켜 목소리를 섬세하게 구분해서 만들 수 있다. 다시 말해 중력이 90도 기울어진 덕분에 언어구사에 필수인 사람과 특유의 발성장치를 개발한 것이다. 목소리를 내기 위해 필요한 음향기기는 두 발로 걷는 직립보행의 부산물로 우연히 개발되었을 가능성이 높다.

인두의 하강은 당연히 시대적으로는 직립보행을 시작한 뒤 얼마 후에 발생한 일이라고 생각할 수 있다. 이를테면 원인은 아직 목소리를 만들어 발음하는 장치가 충분히 형성되지 않았던 듯하다. 그러나 얼마 후 원인 단계에 도달하자 인두의 하강이 상당한 정도까지 진전된 것 같다. 그들의 머리뼈 화석을 통해 뇌의 형태를 추측할 수 있는데, 뇌에서도 언어를 관장하는 부위가 크게 발달하기 시작했을 가능성을 지적하는 연구가 있다.

그리고 사람과의 진화와 함께 언어중추는 두드러지게 좌뇌에만 국한되어 존재하게 된다. 왜 우뇌가 아니라 좌뇌에 편재했을까? 그 진짜 이유는 일절 알려진 바가 없다고 해도 무방하다. 성性과 개인에 따른 차이도 있기는 하겠지만 사람의 언어를 관장하는 중추 중 특히 중요한 부분은 좌측에 집중되어 있다. 고도의 새로운 생활에 합치하도록 좌우의 뇌 기능과 형태적 설계를 대략 500만 년 동안 고쳤다는 설은 사실이다.

덧붙이자면 가장 단순한 데이터로서 성인의 뇌 용적에는 확실한 좌우의 차이가 생긴다. 무작위로 많은 사람으로부터 데이터를 받았더니 많은 경우 사람의 뇌는 좌측이 우측보다 크다는 연구결과를 얻었다. 여러분의 뇌도 필시 아직 측정한 적은 없을 테지만 확률론으로 보면 좌측이 근소하게 클 가능성이 높다. 사람들 중에는 오른손잡이가 많은데 그만큼 좌우의 대뇌를 성장시키는 과정도 균등하지 않고, 오른손을 제어하는 좌측의 대뇌가 일찍 발달해서 결과적으로 좌뇌가 커지는 불균형이 남는 경우가 많다. 뒤이어서 다룰 언어의 획득도 유아기에 좌뇌가 우뇌에 비해 일찍 성장하기 쉬운 요인임을 시사한다.

도구제작과 직립보행이 사람에게 일으킨 새로운 가능성은 기량과 언어로 결실을 맺는데, 이 과정에서 대뇌의 좌우가 결정적으로 분화했다고 할 수 있다. 거슬러 올라가면 사람에 비해 훨씬 동떨어진 하등한 동물, 예를 들면 개구리에게도 '기량'에 가까운 현상이 있음을 시사하는 실험이 이루어졌다. 즉 척추동물의 뇌 혹은 대뇌가 좌우 균등하게 만들어졌다는 것 자체가 참으로 어불성설일지도 모른다. 그러나 특히 그러한 일반론과 사람과의 뇌가 좌우 각각 다른 기능을 담당하는 설계로 바뀌었다는 것은 별개의 문제다. 다시 말해 인간의 좌우 뇌에 접근하는 진화학적 계통만이 그 장치를 대규모로 불균형하게 운용해서까지 고도의 지적 활동으로 활로를 찾기에 이르렀다고 생각할 수 있다.

사람인 까닭에 생긴 사례

사람인 까닭에 나타나는 불행한 증상으로 한 가지 질환을 들겠다. 뇌경색이다. 지식으로서 아는 분도 많겠지만 언어와 기량을 조절하는 좌뇌만의 기능을 설명하는 아주 전형적인 증거 예시들이 있다. 뇌경색은 특정 계통의 혈관에 공급되던 혈류가 멈춰서 그 영역만 기능하지 않는 것을 말한다. 가령 뇌경색으로 좌뇌의 국한된 부분만 '죽는' 일은 드물지 않다. 그러면 숨뇌에서 교차를 거친 끝에 신경의 목적지, 다시 말해 우반신의 운동과 감각 기능이 정지된다. 그러나 문제는 그것으로 그치지 않는다. 특이한 사례로 좌뇌에 편재한 언어중추가 기능하지 않기도 한다.

사람의 뇌에서 좌측에만 존재하는 언어중추로 유명한 것이 운동성 언어중추와 감각성 언어중추다. 전자는 전두엽, 즉 뇌의 앞쪽에 위치하며 연구에 공헌했던 프랑스 외과의사 피에르 폴 브로카Pierre Paul Broca의 이름을 따서 브로카 영역 Broca's area 혹은 브로카 중추라고 한다. 한편 후자는 측두엽, 다시 말해 뇌의 옆면 부근에 있고 독일인 정신과 의사 카를 베르니케Carl Wernicke가 연구한 것을 이어받아서 베르니케 영역Wernicke's area 혹은 베르니케 중추라고 부른다.

브로카 언어중추는 언어를 소리로서 내는 명령을 하는 부위다. 뇌경색으로 여기에 손상을 입으면 두뇌가 명석해도 본인이 하려고 마음먹은 말을 도저히 발성할 수 없는 상태에 빠진다. 뇌경색 환자를 돌본 적이 있는 사람은 환자가 하려는 말을 먼저 제안해주면 왼손을 움직여서 명확하게 의사표시를 하는 사례가 많음을 알 것이다. 여문 오른손과 운동성 언어중추가 나란히 기능부전에 빠지는 것은 사람과 특유의 비대칭적 뇌 진화가 이른 귀결이다. 한편 베르니케 중추가 특이하게 부전에 빠지는 사례로는 발성 자체는 지극히 정상으로 하건만 의미가 불분명한 말만 주워섬기는 증상이 있다. 또박또박 말하되 영문 모를 소리만 하는 상태다(베르니케 실어증Wernicke's aphasia).

뇌는 호모사피엔스로 가는 길에서 손재주를 발휘할 수 있도록 엄청나게 커지고, 기능 분담도 병행된 것이 분명하다. 실로 설계를 변경해 사람과를 창조해가는 과정이었다고 이해할 수 있다. 우리 인간의 정체성은 거대한 뇌이며, 그 뇌에 관해서도 숱하게 설계도를 고쳐온 역사인 셈이다.

그럼 이쯤에서 화제를 돌려 뇌에서 상당히 멀리 떨어져 있는 장기에 숨은 설계변경의 묘를 파고들어보자.

여성의 탄생

나는 남자의 인생을 살고 있어서 주관적으로 판단할 수는 없으나 호모사피엔스의 여성은 대략 28일 주기로 월경을 맞이한다. 그것이 천문현상과 관련되었다는 훈훈한 화제는 다른 책에 양보하기로 하고, 이번 장의 마지막 주제는 '월경이 진화한 이유'다.

불행히도 이것은 여성도 남성도 보통은 흥미를 갖지 않는 주제다. 왜 무관심한가 하면 월경이라는 사건이 여자에게는 너무 당연하고, 남자에게는 애초에 무지한 현상이기 때문이다. 게다가 우스꽝스러운 사실은 의사도 이 의문에는 관심이 없다는 것이다. 의사가 월경 사실을 모를 리 없건만 지극히 당연한 현상이기에 존재이유를 수수께끼로서 묻지 않는다.

동물학자에게 월경은 너무나도 기묘한 현상이다. 왜냐하면 월경 자체가 여성의 생존에 조금도 유리하게 작용하지 않는다고 확신하기 때문이다. 한 달에 한 번 탈진한다. 영양생리학적으로 봐서 아무런 장점도 없다. 초기의 사람과가 야생동물로서 다른 동물과 목숨을 건 싸움을 계속했다면 조금이나마 개체의 생존에 단점이 되는 월경이 호모사피엔스 여성의 신체에 남아 있을 리 없다. 보통 이토록 보편적으로 개체에게 불리하다면 자연도태의 결과 그러한 현상은 사라지리라고 생각하는 편이 타당하다.

실제로 월경을 하는 포유류는 상당수 있지만, 인간과 같은 의미에서 월경을 진화시킨 것은 원인류와 개코원숭이, 마카크같이 비교적 고등한 일부 영장류뿐이다. 요컨대 월경이란 거의 인간의 전매특허라고도 할 수 있다. 바꿔 말하면 이번 장의 주제인 사람과의 진화를 탐구하는 데는 실로 안성맞춤인 소재다.

물론 화석으로 남아 있지는 않으므로 월경이 역사상 언제 탄생한 현상인지를 고찰하기는 과학적으로 불가능하다. 단, 지금 살고 있는 영장류를 통해 유추하자면 사람과의 초기에는 이미 성립했을 가능성이 높다.

과학 혹은 보건 수업에서 중학생이 배우는 개념 중에 여포기濾胞期, follicular phase(난포기)와 황체기黃體期, luteal phase라는 것이 있다. 여성이 좌우 한 쌍씩 갖고 있는 난소(그림 49)가 어떤 단계에 있는지를 나타내는 말로 28일짜리 성주기의 대략 반이 여포기, 나머지 반이 황체기다.

사람의 난소는 며칠이나 걸려서 여포follicle(난포)를 발육시킨다. 중학교 수업에서도 배운 내용을 떠올려보면 이때 여

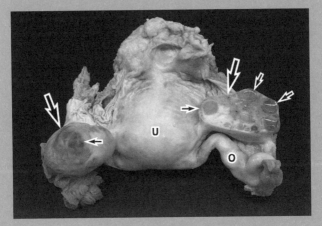

그림 49 포르말린 고정액으로 보존한 여성 생식기의 표본. 큰 화살표는 좌우의 난소를 나타내고, 작은 화살표는 발육 중인 비교적 큰 여포를 가리킨다. 마주 보았을 때 오른쪽에 있는 난소는 메스로 잘라서 단면으로 여포를 나타냈다. U는 자궁, O는 나팔관fallopian tube(수란관oviducts)이다. 자궁에서 사진 안쪽으로 질膣이 연결되어 있다(효고의과대학 세키 마코토 박사의 협력으로 촬영).

포에서는 에스트로겐estrogen이라는 호르몬이 분비되어 자궁에 작용한다. 목표가 된 자궁에서는 자궁내막이 두꺼워지고 수정란을 착상시킬 준비에 들어간다. 그리고 순조롭게 배란하면 크게 자란 난포의 자리에는 황체라는 조직이 자라고, 이번에는 프로게스테론progesterone이라는 호르몬을 분비한다. 만일 임신이 이루어지면 황체는 오래 지속되며 프로게스테론을 계속 분비한다. 프로게스테론은 임신을 확실히 유지하도록 작용해 다음 배란이 일어나지 않도록 여포의 성숙을 억제한다.

여기까지의 지식은 검정을 마친 교과서와 비슷할 것이다. 이것만 배우면 국민교육의 지적 수준에는 도달할지도 모르나 왜 월경이 있는지를 의문시하는 실마리는 잡을 수 없다. 그러므로 여성 측, 나아가 암컷 측의 번식 시스템이 포유류의 경우 어떻게 다양한지를 보고 난소의 설계변경 개요를 찾아가기로 하겠다.

사람의 번식 전략

맨 처음 등장하는 것은 동물번식생리학의 주인공인 쥐(시궁쥐)다. 인간이 28일에 한 번 배란하는 것에 비해 쥐는 나흘에 한 번 배란주기를 갖는다(졸저, 『포유류의 진화』). 너무나도 빡 빠른 생식주기지만 기껏해야 2년 정도면 수명이 다하는 쥐의 일생을 감안하면 타당한 속도인지도 모른다. 문제는 쥐가 어째서 그 속도로 배란을 되풀이하느냐로, 이는 쥐 나름의 기본 전략이다.

사실 쥐에게는 교미와 임신이 일어나지 않는 이상 진정한 의미에서의 황체기가 오지 않는다. 사람은 배란 후 여포의 자리가 황체 조직을 형성하고, 대략 2주 가까이는 임신과 유사한 상태가 된다. 황체를 가진 채 날짜를 소화하고 드디어 월경을 한 다음, 난포의 성숙에 들어간다. 다시 말해 쥐에 비하면 느긋한 28일의 일정은 쥐에게는 없는 황체기가 끼어 있기 때문이라고 할 수 있다.

그러나 잘 생각하면 수태하지 않을 때의 황체의 지속기간은 시간적으로 전혀 불필요하게도 보인다. 만일 아이를 만드는 것만이 포유류의 존재의의라고 한다면 황체를 만들 틈에 제꺽 다음 난포를 성숙시켜서 배란하는 편이 낫다. 그것을 충실하게 실천하고 무익한 황체시간을 만들지 않는 것이 쥐의 일생이다.

처음으로 돌아가서 보면, 생식주기 한 번에 28일이나 쓰는 인간은 역시 너무나도 불합리하게 시간을 낭비하고 있다는 생각이 들지 않는가? 동물인 쥐와 마찬가지로 나흘에 한

번 임신할 기회를 맞이하면 충분히 목적을 달성할 법도 하다. 28일 주기로밖에 임신할 가능성이 돌아오지 않는 우리 호모 사피엔스는 열심히 피임할 만큼 고도로 발달한 사회를 구축 하고는 있으나 그 이전에 지극히 임신하기 힘든 동물종이다.

말이 나온 김에 덧붙이면 보통의 포유류는 암컷과 수컷이 항상 교미를 하지는 않는다. 물론 종에 따라서도 다양하지만 보통 암컷은 배란 전후의 짧은 기간에만 수컷을 받아들인다. 이 점에서도 인간은 상당히 기묘하다. 인간은 일 년 내내 '교 미'한다. 여성의 입장에서 다른 포유류와 달리 생식주기와 관계없는 소통으로서의 '교미'가 성립하기 때문이다.

여기까지 말하면 이미 알겠지만 인간은 흔한 포유류 생식 의 생물학적 유형에서 상당히 벗어난다. 이는 앞에서 본 골 반의 형태를 바꿔가는 형식의 설계변경은 아니지만 역시 인 간을 인간답게 하는 꽤 극적인 설계변경으로서 열거할 수 있 다. 포유류 중에서도 인간은 독자적인 번식 전략을 구조변경 에서부터 근본적으로 재확립한 것이다.

젖병이라는 혁명

인간 난소의 설계를 대강 알았을 것이다. 그러나 월경이 왜 존재하느냐는 의문에는 아직 답하지 않았다. 그래서 다시 한

번 쥐를 등장시키겠다. 지금부터는 임신을 전제로 이야기하겠다.

쥐가 새끼를 낳는 생애설계는 이상한 속도전 양상을 띤다. 임신기간 21일, 태어난 새끼는 3주 만에 젖을 떼고 대략 7주째에는 교미가 가능하다. 이후에는 나흘에 한 번 교미와 분만 기회가 돌아온다.

한편 인간은 어떤가. 21일로는 턱도 없다. 28일에 한 번 기회를 얻어 임신했다면 대략 280일이 지나야 겨우 아기가 태어난다. 더욱이 태어난 아기는 개체수로 말하면 보통 하나다. 그 뿐만 아니라 이 아기는 상당히 연약하다. 태어난 후에도 오랫동안 모유를 먹이고 어른이 될 때까지 키워야 한다. 적어도 원시인의 경우 일정 기간 아기에게 모유를 먹이지 않는 한 다음 세대는 자라지 않는다.

즉 사람과는 줄곧 모유로 아이를 길렀을 것이다. 인간의 어머니는 개인차는 있으나 2년 이상 계속해서 젖을 분비할 수 있다. 남아프리카의 원주민은 실제로 3년 이상 수유를 한다는 데이터도 있다. 경험적으로 아는 여성도 많을 테지만 수유를 줄이는 것을 계기로 다음 배란이 시작되며 월경도 돌아온다. 반대로 말하면 아기에게 젖을 먹이는 이상은 배란도 월경도 좀처럼 일어나지 않는다.

그런데 우리 호모사피엔스는 젖병이라는 도구를 발명했다. 그 역사는 별로 오래되지는 않았다. 일본으로 말하면 메이지유신과 함께 외국에서 도입되었다. '유모 필요 없어乳母要らず'라는 상품명으로 메이지 중반 이후부터 일본 어머니의 자녀양육에 젖병이 보급된 듯하다. 초기에는 그저 입에 물고 빠는 고무대롱만 병에 덜렁 연결되어 있었던 모양이지만.

그 옛날 외국에서 들어온 신기한 도구에 어찌 이리도 감각 있는 명칭을 개발했을까. 젖병을 보고 '유모 필요 없어'라고 부르는 인간의 언어능력에 웃으면서 경의를 표할 따름이다. 그런데 이 '젖병'은 단순히 절로 웃음 짓게 되는 기묘한 도구에 그치지 않았다. 이 도구는 호모사피엔스의 생리학에 도전하는 어마어마한 가능성을 간직하고 있었던 것이다.

실제로 이 '젖병'은 짧은 기간에 여성의 일생에 혁명적인 변화를 일으킨다. 젖병으로 즉시 우유를 주므로 아기 엄마는 수유를 끝낼 수 있다. '젖병'이야말로 '근대여성'의 특수한 생식생리학적 조건을 낳았다는 사실은 많은 사람이 깊이 생각지 않았을 것이다.

'젖병'이 얼마나 극적인 도구였는지를 이해하기 위해 여기서 여성의 생애를 대강 계산해보겠다.

우선 임신기간을 약 1년으로 치고, '젖병'이 없는 아기 엄마라면 분만 후 2년 가까이 젖을 분비하는 기간으로 잡는다. 결국은 아이 한 명을 수태하고 젖을 뗄 때까지 대강 3년 이상을 쓴다는 말이다. 이것이 '젖병'을 빼고 생각한 인간 본래의 젖 분비 기능이다.

그리고 태어난 아기가 성장해서 다음 세대를 낳으려면 보통 15년 이상이 걸린다. 7주 만에 어미가 되는 밉살스러운 쥐들과는 사정이 다르다. 원인은 영양이 충족된 지금의 여자아이보다 다소 성적으로 늦게 성숙했으므로 대충 17~18년이 걸린다고 잡고, 이후로 3년에 한 번 계속해서 아이를 낳는다면 어떻게 될까. 32~33세가 될 때까지 다섯 명가량 젖을 떼므로 이것이 인간이라는 동물의 설계상 거의 최대한으로 얻는 자식이다.

아프리카의 최빈국은 인간의 평균수명이 여전히 40세에도 못 미친다. 신생아 사망률이 높고 변동요인도 복잡하지만 뭉뚱그려서 말하면 17세에 초경을 맞이하고, 이후 끊임없이 반복해서 임신하고 젖을 분비하다가 30대에 죽는다. 이것이 혹시 호모사피엔스의 초기 설계도는 아닐까.

호모사피엔스 여성의 생애를 잘 살펴보면 오히려 적극적으로 1회당 임신과 젖 분비기간을 충분히 재고, 아이의 절대수를 줄이면서도 그 귀중한 자식에게 철저히 '투자'하는 길을 선택했다는 해석이 성립한다. 수는 적어도 제대로 된 자손을 확실히 남기고 가겠다는 철저한 작전을 인간 여성의 난소와 자궁이 보여준다.

왜 월경이 있는가?

여기서 어느 사이엔가 앞서 나온 의문에 대한 대답에 도달했음을 깨달았을 것이다. 호모사피엔스 여성은 성인이 되어 죽는 마지막 날까지 대부분의 시간을 아이의 임신과 수유에 썼을 가능성이 높다. 번번이 시간이 걸리는 임신과 모유 분비를 몇 번이고 끝까지 해내는 것, 그것이 동물로서 인간 여성의 전형적인 생애였다.

'젖병'은 이 생애설계를 확실히 차단했다. 모유의 분비기간을 단축하고 여성의 일생에서 배란과 월경 기회를 단번에 늘린 것이다. 출산과 모유 분비로 세월을 보냈을 호모사피엔스 여성은 '젖병'의 등장으로 이 생리학적 설계에서 벗어난다. 그리하여 배란과 월경이 빈번해졌다.

물론 젖병을 이용하기 시작한 것은 상당히 최근의 이야기다. 일본에서 육아구로 젖병이 보급된 시기는 메이지시대다. 이렇듯 '젖병'은 인간이라는 생물의 역사에서 보면 경력이 매우 일천하다. 지금은 분유와 우유를, 예전에는 염소의 젖을 아기에게 주었다지만 그러한 모유 대용품과 인간사회의 접촉은 그리 오래되지 않았다.

그러나 현대사회에서는 이렇듯 젖병과 분유 외에 여성의 기본 설계를 벗어난 사건이 많이 생겼다. 여자대학교, 전문직 여성, 만혼, 아이를 낳지 않는 여성의 증가 등 동물 호모사피엔스의 설계를 일탈한 사건이 여성의 일생에 급격히 불어닥친 것이다.

초경은 빨라도 결코 결혼하지 않는다. 연애는 다양하게 해도 절대 아이를 가지려고 하지 않는다. 그러한 가치관 자체는 여성 개인이 결정하는 것이며 논의의 대상은 아니지만 분명 현대여성의 새로운 생활방식은 객관적으로 호모사피엔스가 진화시킨 생물학적 생애구도와는 전혀 합치하지 않는다. 현대여성은 임신과 모유 분비라는 생물학적 역할과는 무관하게 살며 실로 성인이 된 뒤 줄곧 임신도 모유 분비도 잊은 채 영원히 '달의 유혹'과 함께 산다.

'왜 월경이 있는가?'

그 대답은 지금 살펴보았다. 월경은 본래 호모사피엔스 여성을 진화적으로 불리하게 하므로 평생에 걸쳐 빈번하게 일어나지는 않았다. 원시적인 사람과에게는 약점으로 보이는 현상이 아니었을 것이다. 임신하고 젖을 분비하는 주기를 극단적으로 줄이고 월경을 달마다 찾아오는 당연한 사건으로 바꾼 것은 다름 아닌 우리 인간이 진화가 상정하는 범위를 넘어서 고도의 사회생활을 영위하기 시작한 이후다.

달에 홀린 난소. 그 행동에서 볼 수 있는 것은 이제껏 보았던 단순한 설계변경의 재미와는 조금 다르다. 그것은 인간이 차차 신체의 원래 설계에서 벗어난 생활방식을 고안해온, 현대사회의 고도로 진화한 모습을 응축해서 보여준다고 할 수 있다.

04

막다른 길에 이른 실패작

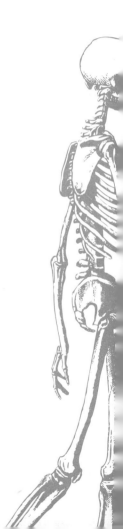

수직으로 선 신체의 오산

3장에서 인간을 인간답게 한 여러 설계변경을 살펴보았다. 무지대향성과 골반의 변형 같은 정말로 화려한 설계변경이 있는가 하면 좌우에 한정된 뇌 기능처럼 직감적으로 좀 무리하지 않았나 싶은 새로운 설계도도 만났다. 원인부터 호모사피엔스까지 대충 400만~500만 년. 사람과의 진화 속도에 관해서는 다양한 인식이 있을 테지만 양적으로 방대하면서도 꽤 극적인 변화를 감당하려면 매우 서둘러야 하는 시간인 것은 사실이다. 아주 일찍부터 창고기의 이력을 살펴본 독자는 이 책에서 이게 얼마나 단기간에 일어난 일인지 잘 알 수 있으리라 생각한다.

이 장에서는 급조한 티도 나는 듯싶은 여러분의 신체가 설계변경을 거듭한 까닭에 떠안게 된 몇 가지 문제점을 밝혀내기로 하겠다. 그것은 단순히 사람에게 이런저런 병이 많다거나 하는 알팍한 문제가 아니라 신체의 새로운 설계를 더욱더 정확히 알기 위한, 신체의 형태에 관한 중요한 논리로 이어지는 이야기다.

우선은 사람의 신체에 흐르는 혈맥, 즉 심장과 혈관계에 관해 논의를 시작하겠다. 여기서도 사람이 획득한 새로운 설계도가 제멋대로 심장과 혈관의 역할에 참견하는 모습을 볼 수 있을 것이다. 게다가 이 혈관과 심장이라는 부분에는 직립보행이 상당히 난처한 영향을 주었다.

생각해보면 알겠지만 우리의 조상인 사족동물의 신체에서는 혈액이 거의 전부 수평으로 흐른다. 가령 개의 몸을 떠올려보자. 심장에서 뿜어져 나온 혈액은 몸통 부분에서 상하로는 별로 이동하지 않고 주로 수평으로 흐른다. 혈류의 주요 경로에 경사가 적어도 마찬가지일까?

일본에서 차를 운전하는 사람이면 도쿄와 주쿄권中京圈(아이치현 나고야시를 중심으로 하는 도시권—옮긴이)을 왕래할 때 도메이東名고속도로와 주오中央고속도로 중에서 전자가 훨씬 평탄하다는 사실을 안다. 간토關東 사람은 제3게이힌京浜도로(자동차 전용 일반유료도로—옮긴이)라고 하면 더할 나위 없이 평탄하고 달리기 쉬운 길이라는 사실을 알 것이다. 사족동물의 혈류가 흐르는 길은 실로 도메이나 제3게이힌처럼 부담이 적은 유통 경로다.

그런데 정수리에서 몸통 부분을 거쳐서 마지막에는 뒤꿈치 끝까지 수직으로 서는 사람과의 독자적 설계변경은 심장과 큰 혈관들로서는 사활이 걸린 문제이기도 하다. 제3게이힌을 달릴 생각으로 만든 차를 휴스턴의 로켓발사대에서 수직으로 쏘아 올려야 하는 꼴이다. 순환계 입장에서는 몸 안에 생겨난 나이아가라 폭포의 물을 연약한 펌프로 끌어올리는 일까지 갑자기 요구받은 것이나 매한가지다. 사람의 실질적 문제가 직립보행을 원인으로 한다지만 다른 포유류들과 비교해도 심장과 순환계의 기본적인 '성능'에 큰 설계변경이 초래되었다고 생각하기는 힘들다(표 3). 오히려 이유를 간단히 말할 수는 없으나 심장과 혈관 자체의 설계를 변경할 수 없었기에 인간의 탄생으로 말미암은 여파가 왔다고도 할 수 있을지 모른다.

천장에 매달린 탕자

그런데 사족동물들에게도 수직에 가까운 혈류가 요구되는 장소가 있다. 이를테면 사지가 그렇다. 여기만은 지면과 수직으로 서 있기 때문에 원래의 설계로도 좀처럼 혈액순환이 어렵다. 특히 심각한 것은 혈압을 잃어버린 채 중력을 거슬러서 혈액을 심장으로 돌려보내야 하는 정맥계다. 진화의 귀결

| 표 3 | 각종 동물과 사람의 심장순환계 기능 비교

동물종	말	소	양	염소	개	사람	기린
체중 (kg)	500	500	50	24	10	70	1,000
심장 중량 (g)	4,500	2,500	300	200	150	270	5,500
심박수 (회/분)	34	50	75	70	100	70	59
수축기 혈압 (mmHg)	140	145	135	130	130	120	300
이완기 혈압 (mmHg)	90	90	90	90	90	75	230
1회 심박출량 (ml)	852	696	53	14	14	73	-
분당 심박출량 (l)	29.00	34.80	3.98	1.45	1.45	5.07	-

데이터는 쓰다津田(1982)에서 인용. 단, 체중과 심장 중량, 사람의 혈압은 대표적인 실측치를 기록했다.

로서 동물은 사지의 정맥에 판瓣(밸브)을 배열했다. 역류해서 사지 말단에 피가 떨어졌다가는 혈액순환이 불가능하다. 따라서 판을 마련해서 조금이나마 혈액이 낙하하는 것을 방지한다.

곤란하게도 이 난관은 아파르 원인이 직립보행을 시작한 뒤로도 전혀 해소되지 않았다. 해소되기는커녕 '뒷다리'에 더욱 악조건이 더해져 동체 부분을 심하게 하강시킨 나머지 거리는 그보다 길어지고 다시 발끝으로 중력을 받게 되었다. 한편 '앞다리'도 심각하다. 심장에서 위로 쏘아 올린 혈액은 굵은 대동맥을 흘러서 쇄골하동맥이라는 역시나 큰 가지를 통해 겨드랑이 깊숙이에서 팔로 흘러들어간다. 물론 자세에 따라 다르긴 하지만 혈류는 위팔, 팔꿈치, 팔뚝(팔꿈치에서 손목까지의 부분, 전완前腕·전박前膊이라고도 함), 손목, 손바닥, 손가락으로 일단은 중력을 따라 흘러내려가야 한다. 그리고 중요한 것은 혈액은 줄곧 중력에 저항하면서 길을 따라 무사히 심장으로 돌아가야지 손가락 등의 부위에 고여서는 안 된다.

또한 명심해야 할 점은 뇌를 얹은 두부로 혈류가 흐르는 길이다. 비교적 가까운 거리라고는 하나 사람의 심장은 거의 수직으로 뇌에 혈액을 쏘아 올려야 한다. 더욱이 사람의 뇌는 전신에 혈류량의 14퍼센트, 산소공급의 18퍼센트를 요구한다. 심장으로서는 성가신 '더부살이'다(Ganong, *Review of Medical Physiology*).

사실 사람의 경우 심장 부근의 혈압을 100수은주밀리미터mmHg라고 하면 뇌의 입구에서는 혈압이 50수은주밀리미터 가까이까지 내려간다. 몸의 앞부분을 수직으로 세웠다는 것은 혈액을 상당한 압력으로 쏘아 올려도 신체의 꼭대기에 위치한 방탕한 자식을 만족시킬까 말까 하다는 소리다. 그렇다고 중력에 대항해 한없이 혈압을 올리면 되느냐 하면 난처하게도 이미 훨씬 아래에 있는 발의 말단 혈압은 180수은 주밀리미터까지 올라간다. 심장의 압력을 더 증대시켜 뇌를 보호했다가는 폭포 같은 혈류를 정면으로 받는 신체의 낮은 부위에는 도리어 고혈압이 닥쳐서 대처하기가 상당히 힘들 것이다.

결과적으로 호모사피엔스는 가장 평범하게 서 있는 상태에서도 뇌에 혈액을 공급할 여유가 없다는 말이다.

궁지에 몰린 심장

'나이아가라 폭포'를 신체에 떠안은 우리 인간은 이 무리한 혈류 때문에 상당한 문제를 안고 있다. 우선 뇌에 항상 빈혈기가 있는 상황에 몰렸다. 아침에 역의 플랫폼에서 털썩 쓰러지는 여성을 만나는 일은 드물지 않다. 당연히 그 모든 원인이 빈혈인 것은 아니지만 직립보행에 들어간 사람과는 신체의 맨 꼭대기에 위치한 뇌에 항상 충분한 혈류량을 확보하는 것 자체에 대단한 어려움을 겪고 있다. 이는 150센티미터 이상의 신장을 세로로 배치하는, 과거 약 500만 년 동안 고친 신체의 설계도 자체가 처음부터 짊어진 숙명적 약점이기도 하다.

딱 하나 사족동물이면서 인간 못지않은 가혹한 조건에 노출된 동물로 여러분도 아는 키다리가 등장한다. 기린의 심장 근방 혈압은 300수은주밀리미터에 달한다(앞의 표 3 참조). 이토록 큰 동물은 혈류 데이터를 얻기가 매우 힘들지만 세계 동물학계에는 기특한 사람이 있기 마련이라 거의 지상 5미터 높이에 있는 뇌 부근에서 혈압을 측정했다. 그러자 놀랍게도 그 값은 100수은주밀리미터까지 떨어졌다(Ganong, *Review of Medical Physiology*). 그 동물의 체고體高(바닥에서 어깨뼈 가장 높은 곳까지의 높이)로는 부득이하겠지만, 어쨌든 두부에 충분한 혈압을 확보해주는 것을 출발점으로 심장 근방을 극단적인 고혈압에 노출시키는 설계도를 그린 듯하다. 기린은 죽는 날까지 끊임없이 고혈압 상태이므로 심장 부근의 혈관에는 엄청난 부담이 간다.

키가 큰 동물이니, 그냥 단순히 빈혈을 예방하기 위해서라면 심장을 더 강화해 혈압을 지나치리만큼 충분히 생산함으로써 획기적으로 빈혈을 예방할 수 있을 것이다. 그러나 그런다고 문제가 해결되지는 않는다. 기린도 인간도 항상 머리를 하늘로 들고 서 있어서만은 아니다. 사람과는 직립보행을 하더라도 구두끈을 묶는 자세 또한 평소부터 필요했을 것이다. 물 마시는 일 하나만 예로 들어도 '원시인'은 머리를 땅으로 숙여야 했을 것이다. 그때는 그저 힘껏 혈액을 뇌로 보내는 것으로는 뇌에 터무니없이 높은 혈압이 실릴 가능성이 있다. 기린 머리의 혈류도 그런 문제에 시달린 모양이다. 전력을 다해 혈액을 보냈더니 머리를 땅으로 숙이는 동작을 했을 때 뇌 주변을 파괴할 만큼의 혈액이 집중되는 것이다. 게다가 기린만큼 목이 길면 중력의 손을 빌리지 않아도 고개를 끄덕이는 운동의 원심력만으로 머리에 대량의 혈액이 유입된다.

요컨대 설계상 중요한 것은 혈액을 뇌로 힘껏 쏘아 올리는 펌프가 아니라 어떤 자세에서도 온몸에 혈액을 적절하게 확보하는 심장과 혈관의 전체 시스템이다. 따라서 인간은 무턱대고 심장을 더 크게 만들지는 않을 것이다. 그보다 인간의 다양한 자세와 운동에 대해서 언제든지 혈액을 조정 가능한 상태로 유지하고 적절한 혈액을 지속적으로 공급하는 것이 진화사에 주어진 설계변경의 명제였다. 직립보행에 수반되는 뇌에 대한 혈액공급은 빈혈과 아울러 혈류조정이라는 난제를 안고 있다. 지상 5미터까지 뇌를 들어 올린 기린과 신체에 비해 극단적으로 큰 뇌를 150센티미터 높이에 올린 우리 인간. 양자를 비교해서 어느 심장이 더 고생하느냐는 질문은 무의미하리라. 다만 적어도 인간의 심장에게는 악조건에서의 가혹한 업무가 평생 기다리고 있다고 할 수 있을 것이다.

그런데 인간의 사지 말단은 중력에 대항해서 속속 혈액을 심장으로 돌려보내기가 꽤 어렵다. 가령 수족냉증과 붓는 증상은 몸통을 90도 회전시킨 설계변경이 무리를 초래하고 있음을 의미한다. 내 생각에 참으로 낫기 힘든 이러한 손발의 모든 문제는 아무래도 고인 혈액 때문인 듯싶다. 추울 때 손발에 찾아온 혈액은 조속히 회수하지 않으면 몸의 중심에서 떨어져 있기 때문에 점점 열을 빼앗겨서 온도가 내려갈 것이다. 수족냉증은 이러한 구조에 기인하는 난처한 증상이다. 한편 고인 혈액이 많이 쌓이면 이른바 부기가 생긴다. 흔히 가정의학 책에 부종이라고 쓰여 있는 문제다. 직립보행의 결과 중력을 거슬러서 혈액을 심장으로 돌려보내는 부담이 증가하고 결과적으로 피를 되돌릴 수 없게 된 손발의 피하조직에 물이 흥건한 상태다.

세상의 수많은 여성과 달리 부종과 수족냉증에 시달리는 일은 거의 없으나 연간 몇백 시간씩 비행기를 타는 내게도 직업병이 있다. 드라마에 나오는 가라사와 도시아키唐澤壽明나 무라카미 히로아키村上弘明, 옛날이라면 다미야 지로田宮二郎가 연기했을 대학교수는 어째선지 비즈니스석이나 그린차˚의 단골승객이지만, 현실의 국립대학 교수가 앉는 좌석은 예

● 일본 국철 또는 JR의 여객열차 중 1인당 점유 면적이 넓고 시설
이 좋아 별도의 요금을 받는 특별 객차로 차량에 녹색 마크가 있다.

외 없이 닭장 속 닭들도 놀랄 법한 이코노미석이다. 무릎이 닿아서 죽을 맛인 좌석. 간혹 옆자리에 체중이 120킬로그램은 나갈 법한 거구의 백인이 앉기도 한다. 열세 시간 내내 무릎은 고사하고 팔꿈치까지 꼼짝 못 한 적도 있다. 나도 호모 사피엔스의 요즘 유행하는 질환과 무관하지 않은 것이다. 그렇다, 바로 요즘 화제인 이코노미클래스증후군Economy Class Syndrome(일반석증후군이라고도 함)이라는 문제다.

이 이코노미클래스증후군도 사람 특유의 혈액순환 난점에 숨어들어 온 새로운 질환이다. 의자에 앉은 채 장시간을 보내면 낮은 곳에 위치한 발가락에 혈액이 울체鬱滯한다. 탑승 중에 마시는 물의 양이 적어서 혈중 수분이 표준보다 손실되었을 때는 혈류가 정체된 발가락 혈관에 혈전이 생긴다. 혈액은 원래 응고하는 성질을 갖고 있으므로 원활히 흐르지 않으면 고인 부분에서 굳기 쉽다. 그렇게 부어서 목적지에 도착한 승객은 걸어가면서 다시 혈류가 활발해진다. 그러나 불행히도 발가락에서 생긴 혈전이 신체에 유입되고 급기야 폐까지 도달해서 폐의 모세혈관이 막힌 경우에는 어느 특정한 영역에 혈액이 전혀 도달하지 않으므로 생명이 위험할 수도 있다.

하지만 사람과는 두 다리로 걷게 된 뒤로 대략 500만 년이나 살고 있다. 그 신체를 무릎이 닿는 좁은 좌석에 반나절이나 갇혀 있게 하는 것은 항공업계의 자본주의와 비행기 내의 쾌적함을 제한하는 인간공학이 고작 40~50여 년 전에 탄생시킨 악행이다. 더욱이 몇십 년 전부터 같은 현상이 있었으련만 화제가 된 것은 지난 몇 년 전부터다. 그렇다고 이쯤에서 이것이 호모사피엔스가 직립보행을 한 탓이라고 도저히 인정하고 싶지 않다. 혈류가 흐르는 길을 수직으로 재설계한 신체보다 훨씬 이상한 것은 돈을 받으면서 열 몇 시간이나 좁은 좌석에 사람을 가둬두는 서구의 여객기 내부설비 제조사다. 하다못해 일본인이 비행기 좌석을 만들면 벨트가 달린 다다미와 돗자리라도 마련해서 직립보행하는 동물에게 훨씬 안락한 좌석을 제공했으련만.

현대인의 고뇌

빠져나오는 추간판

이코노미클래스증후군에서 짚이는 점은 사람의 착석자세다. 이 자세는 그 항공기의 허튼 객석설계를 들먹일 필요도 없이 직립보행으로 변경한 설계의 한계가 아른거리게 한다. 착석자세는 직립보행을 하는 우리에게 매우 안락하게 느껴진다.

하지만 거기에는 재차 중력의 그림자가 살며시 다가온다. 피로가 적고 안정감이 들어도 요추 주변에는 조상의 기본 설계에 없었던 과도한 중량부하가 생기기 때문이다.

추간판 헤르니아라는 질환은 현대의 사무직 노동자에게 남의 일이 아닐 것이다. 종일 앉아서 일하는 사람에게 발생하는 직업병일지도 모른다. 일반적으로 앉아 있는 자세는 상반신 대부분의 중량을 골반 바로 위에서 지탱해야 한다. 이때 다리가 네 개면 결코 생기지 않았을, 신체 중량의 대부분을 요추에서 부담하는 무서운 사태가 발생한다.

사족동물의 경우 척추의 원래 설계는 앞다리와 뒷다리 사이에서 교각 위에 걸쳐 널빤지를 지탱하는 도리bridge girder처럼 배열한 것으로 최고의 감각을 보여준다. 이로써 앞다리와 뒷다리 사이에 체중이 실린다. 게다가 3장에서 언급했다시피 척추는 다리와 달리 그 자체가 운동의 기점이 된다. 여러 근육에 당겨지면서 중력에 대항해 신체를 유지하는 것이다. 적어도 인간이 설계한 그 어떤 유능한 도리보다도 나으면 낫지 못하지는 않은 아이디어가 담겨 있다고 할 수 있다.

한편 저 유명한 금문교Golden Gate Bridge도, 아카시해협 대교*도 그대로 90도 기울어져 중력이 실리는 상황은 예상하지 않는다. 인간은 그런 설마 했던 대사업을 500만 년 전에

● 효고현 고베시 다루미구垂水區 히가시마이코초東舞子町와 아와지시淡路市 이와야岩屋를 연결하는 아카시해협明石을 횡단해서 설치한 세계에서 가장 긴 현수교.

해냈다. 튼튼하고 유연했던 도리는 회전과 더불어 평행으로 바뀐 중력의 방향 때문에 하릴없이 뭉개질 운명이 되었다. 더욱이 현대사회는 하루 다섯 시간 이상이나 앉아 있는 직업을 낳았다. 살아 있는 대부분의 시간에 절반 이상의 체중이 신체 '뒤쪽'의 척추를 항상 내리누르는 사태에 처한 것이다.

샌드위치를 베어 물었을 때 내용물이 삐져나와서 당황한 경험이 있을 것이다. 빵을 척추에, 내용물을 추간판에 비유하면 추간판 헤르니아를 대략 설명할 수 있다. 새로운 방향으로 회전한 중력 때문에 척추의 배열이 찌부러져서 그 사이로 부속물이 튀어나오는 것이다. 척추의 본체, 이른바 척추체˙는 단단한 뼈지만 그 틈에 파괴적인 압력이 가해져서 결국에는 틈의 내용물을 밀어내버린다. 튀어나오는 것의 실체는 흔히 추간판이라고 부르는데, 수핵˙˙이라는 정확한 이름이 있으므로 그렇게 부르기로 하겠다.

다행인지 불행인지 척추체 옆에는 척수신경이 전신으로 뻗어 있다. 튀어나온 수핵이 척수신경이 주행하는 길을 압박하면 도저히 일상생활이 불가능한 극심한 통증이 발생한

● **Vertebral body**　척추의 앞부분을 차지하는 반원형의 부분. 또는 척추뼈의 앞쪽에서 몸무게를 지탱하는 타원기둥의 토막과 같이 생긴 부분을 가리키며 추체椎體, 척추뼈몸통이라고도 한다.

●● **隨核, nucleus pulposus**　추간판의 중심부에 있는 젤 형태의 조직. 주위는 콜라겐을 풍부하게 함유한 섬유륜纖維輪으로 둘러싸여 있다.

다. 환자 본인도 놀라겠지만 뭍에 올라온 이후만 해도 3억 7,000만 년을 도리로서 지내온 척추동물의 척추 입장에서 보면 시간상 겨우 그 1.35퍼센트밖에 되지 않는 500만 년 동안 획기적인 방법으로 중력이 실리니 그야말로 마른하늘에 날벼락이다. 사람과의 직립보행의 역사가 얼마나 일천하고 엄청나게 절박한 설계변경인지 알고도 남을 일이다.

단, 직립보행으로의 진화를 약간 변호하기 위해, 추간판 헤르니아가 인간만의 질환은 아니라는 말을 남기겠다. 임상현장에서 자주 검토되어온 개 역시 허리에 부담이 실리는 견종犬種의 경우에는 이 질환이 결코 드물지 않다. 즉 수핵이란 원래 어느 정도는 튀어나오기 쉬운 성향을 지닌 것은 틀림없다.

탈장의 진실

한편 인체에서 튀어나오는 것은 실은 수핵만이 아니다. 서혜부 헤르니아Inguinal Hernia, 즉 서혜부 탈장도 인간에게 지극히 많은 질환이다. 넓적다리가 연결된 부분에서 창자 등의 내장이 복강 밖으로 튀어나오는 문제다. 심한 경우 남성은 음낭에까지 창자가 돌출된다.

직립보행으로 이행한 인간 남성은 음낭 위치에 내장의 중량이 실리기 쉽다. 더욱이 창자의 무게를 감당하는 바닥 면에 작은 크기에 강도가 낮은 근육벽이 있다. 내장의 무게와 압력을 받은 결과 거기에는 종종 음낭으로 통하는 구멍이 뚫린다. 사족동물도 서혜부 탈장이 일어나긴 하나 인간 남성은 음낭에 창자가 빠지기 쉬운 조건이 갖춰져 있다. 게다가 사람은 재채기를 하는가 하면 여성의 경우 임신도 한다. 복강에서 밖으로 향하는 압력이 평소 이상으로 실리는 순간이 오면 그것만으로 헤르니아가 충분히 유발된다.

눈치 챘을지도 모르지만 장기가 빠져나오는 예로 열거한 수핵의 돌출과 음낭으로 창자가 빠져나오는 질환은 일례에 불과하다. 척추와 평행인 방향으로 중력이 실리게 된 지는 기껏해야 지난 500만 년이므로 원래 내장으로부터의 힘이 미칠 리 없는 그 밖의 장기 곳곳에 압력이 실리기도 한다. 그렇게 생각하면 설계변경된 것치고 인간의 하복부 벽은 매우 혹독한 조건에 노출되어 있다고 할 수 있다. 요컨대 애초에 예상치도 못했던 내장으로부터의 힘이 인간의 배를 만들고 있는 벽을 다양한 방향에서 밀어젖히도록 작용하고 있는 것이다.

직립보행이 얼마나 대담한 개조이고 거기에 수반되는 강인한 설계변경이 인간, 특히 현대인의 신체에 얼마나 많은 문제를 가져왔는지를 알았을 것이다. 이제 문제를 상반신의 설계변경으로 돌려보겠다. 설계변경의 공과功過는 책임이 가벼워졌을 인간의 전지, 즉 어깨부터 팔에도 미친다.

어깨 결림으로의 악순환

아내가 전부터 어깨가 결린다고 호소한다. 한 살배기 딸의 체중이 10킬로그램에 육박하니, 날마다 업고 있는 사이에 증상이 왔다고 한다. 어깨 결림이란 참으로 수수께끼 같은 현상이다. 어깨 결림만큼 원인도 구조도 모르는 질환은 없을 것이다. 원인을 특정할 수가 없어서 대증요법만 가능한 이 질환에 대해 일본인은 당연한 듯이 동양의학에서 광명을 찾으려고 한다. 의학이란 참으로 장사를 잘하는 업계다. 아마 어깨 결림으로 목숨을 잃는 사람은 없을 테지만 그것으로 매년 몇억 엔이라는 돈이 의학업계로 흘러들어간다.

요인은 도통 모르지만 어깨 결림 역시 직립보행을 위한 설계변경의 부정적인 산물로 파악할 수 있다. 물론 사족동물에게도 어깨 결림 증상이 있는지는 사실 모른다. 하지만 사람과의 설계변경에서 무수히 발견되는 신체부위의 무리한 운용에 어깨라는 영역은 훌륭하게 적용된다.

필시 어깨가 아프다고 느끼는 주된 요인은 승모근僧帽筋 주변에 있다. '수도사의 모자'라는 이 근육의 명칭이 좀 기묘한

데 기독교 카푸친회 수도사의 뾰족한 두건과 형태가 비슷해서 붙여진 이름이라고 한다. 경부와 흉부의 등 쪽에서 어깨로 뻗은 근육이다. 사람이든 사족동물이든 무시할 수 없는 크기로 형성되어 있는 근육이지만, 대충 말하면 두툼하지 않고 얄팍하며 형태상 강대한 힘을 발휘하게 생기지는 않았다.

다만 사람의 경우 수직으로 서 있는 목 위에 상당히 무거운 머리가 얹혀 있다는 게 문제다. 그것이 원인이라, 목에서 어깨에 걸친 근육들은 얼핏 보기에 별다른 운동을 하지 않고 있을 때도 긴장하고 수축하는 경향이 강하다. 애초에 조상인 원숭이를 포함한 사족동물의 몸에서 승모근 주변의 근육은 사용할 때와 사용하지 않을 때가 꽤 명확히 분리되었다. 사족동물이 걸을 때 어깨뼈를 등 쪽에서 당겨서 운동시키는 것이 바로 승모근의 일이다. 사람과 달리 앞다리에는 체중이 실려 있으므로 어깨를 더 운동시킬 필요가 생기면 승모근이 주변의 많은 근육과 함께 온힘을 다해 운동한다. 그런데 안정적으로 네 다리를 이용해 지면에 우뚝 서 있을 때 승모근은 특정한 이유로 수축할 필요가 별로 없다. 물론 어깨 근육을 동체에 연결하고 있으면 근육이니까 어느 정도의 긴장은 지속되지만 일반적으로 사족동물이 큼직한 보행운동을 멈추면 승모근은 적당히 쉴 수 있다.

한편 인간이라는 동물은 무거운 머리를 지탱하면서 손과 팔을 다른 목적을 위해 부단히 움직이는 것이 기본적인 생활상이다. 근력을 최대로 활용해서 무거운 것을 힘껏 들어 올리는 운동까지야 아니더라도 일상의 동작에서 팔꿈치를 올렸다 내렸다 하거나 손바닥을 사소한 작업에 이용하는 것은 무의식중에도 계속된다.

게다가 현대 도시인의 생활방식은 성가시다. 컴퓨터 화면을 보거나 키보드를 두드리고 서류를 응시하는 사소한 작업에 신경을 집중한다. 심지어 의자에 앉은 채 몸은 거의 움직이지 않는다. 이러한 시간 내내 어깨 주변은 머리를 지탱하면서 긴장을 반복하고, 팔부터 손가락에 걸친 동작을 미력하나마 도우려고 '고지식하게' 일한다.

이렇게 긴장을 계속한 근육 주변은 혈류량이 부족해진다. 강약을 조절해서 뛰어다니는 사족동물과는 달리 오랫동안 계속해서 긴장하는 근육에 알맞게 대량의 혈액이 공급되지는 않는다. 이렇게 되면 순간적으로는 큰 힘을 내는 것도 아닌데 근육은 강도 높은 피로와 비슷한 상태에 빠진다. 그리고 근육의 대사노폐물, 즉 젖산이 승모근 주변에 축적되고 만다. 젖산은 피로감을 증대시키므로 점점 근육은 크게 움직일 수 없는 상태에 빠진 채 마음 놓고 쉴 수가 없다.

생리학적으로 재충전할 수 없는 어깨 근육은 곧 통증의 감각을 신경으로 돌리게 된다. 더욱이 현대인은 어깨를 회복시키는 적당량의 운동도 하지 않을뿐더러 꼭 필요한 기분전환의 기회도 부족하다. 스트레스를 비롯한 정신적 요인도 어깨 결림을 더욱 악화시키므로 어깨 전체가 빠져나갈 수 없는 결림의 악순환에 시달리게 된다.

추측하건대 걷는 것에서 해방된 어깨는 일자리를 잃은 줄 알았더니 도리어 휴가도 아니고 일하는 것도 아닌 어정쩡한 상태에서 죽도록 일하는 처지에 놓인 것이다. 두 발로 걷기 시작해서 앞다리가 체중으로부터 해방된 것은 사람과가 해낸 진화의 최대 '강점'이었을 것이다. 조상의 어깨구조를 요령껏 설계변경한 데다 다른 부위에 비해 이렇다 할 곤란 없이 완성된 듯 보이는 개조이기도 하다. 그것을 증명하는 양 오늘도 승모근은 여러분의 등에서 버젓이 상당한 부피와 위치를 차지하고 있다.

그러나 얼핏 보기에 용이했던 어깨의 기능적 변혁이 현대사회의 호모사피엔스에게는 한없이 어깨 결림으로 향하는 입구가 되어버렸다고 할 수 있다. 사람과는 골반과 척추를 수직으로 세우면서 자유자재로 걷게 됐고 포유류 역사상 가장 여문 손을 가졌다. 사람과의 사지 개조는 하나의 동물로서는 지극히 높은 수준의 완성품이었다. 그런데 '예정보다' 정신적으로 고도로 발달한 생활을 영위하는 동물이 되어버린 사람은 어깨 결림을 조장하고, 나아가 그것이 의료비로 탈바꿈할 만한 세상을 지구상에 확립하고 말았다.

호모사피엔스란 무엇이었나

'우리 인간은 지구의 생물로서 대체 무슨 짓을 저지른 존재인가!'

여러분은 때로 그런 기분에 사로잡히지 않는가? 우수한 영장류가 각자 나름대로의 시간을 써서 성립했다는 역사적 기반이 있긴 하지만, 기껏 거슬러 올라가도 대략 500만 년 전의 동아프리카에서 돌연히 생긴 무리로밖에는 인식할 수 없다. 그러나 우연이 우연을 부르는 우발적인 진화를 이룩해 기존의 동물들과는 분명히 다른 신체부위를 가지게 되었다.

두 다리로 걷기 위한 둔부의 근육들, 내장 중량과 복압腹壓을 받는 하복부, 좁은데도 균형을 잡는 발바닥, 정교한 무지대향성, 거대한 중추신경, 고도의 사고를 분담하는 대뇌, 적은 수의 아기를 확실히 남기는 번식 전략. 이 설계변경들은 인간을 인간답게 하는 훌륭하기까지 한 디자인이다.

한편 현대의 우리는 설계변경의 부정적 측면에 날마다 시달리고 있다. 90도 회전해 수직이 된 복강이 초래하는 헤르니아, 직립보행에서 기인하는 요통과 고관절 이상, 수직으로 흐르는 혈류가 유발하는 빈혈에 수족냉증, 보행에서 해방된 앞다리가 야기하는 어깨 결림. 나아가 이 책에서는 도저히 망라할 수 없을 각종 현대병이 무수하다.

그리고 단순히 설계변경이 신체에 무리를 초래하는 것을 넘어서 현대사회의 현실과 규범에 따라 살아가야 하는 까닭에 개개인에게는 허다한 문제가 생긴다. 사무직이라는 취업 형태 자체가 부종과 어깨 결림을 야기하는 것은 틀림없는 사실이다. 그리고 산업국 사회의 만혼화와 출생률 감소 현상이 여성의 생식기에 설계 외의 부담을 주고 있는 점도 지적할 수 있다.

다시 말해 인간의 문제 대부분은 인간 자신의 설계변경이 가져온 어두운 부분인 동시에 인간 자신이 구축한 근대사회에서 만들어진 예기치 못한 폐해이기도 하다.

물론 그 전부가 인간의 지나치게 우수한 대뇌의 소산이다. 왜냐하면 만일 호모사피엔스가 이만한 두뇌를 갖추지 않았다면 결핵조차 극복하지 못하고 어깨 결림이 일어나기 전에 간단히 일생을 마치는 것이 보통일 테니까 말이다. 대뇌의 능력이 낮으면 컴퓨터나 사무직도 생기지 않았을 테고, 수족냉증이나 추간판 헤르니아와도 인연이 없었을 것이다. 마찬가지로 여성이 지도적인 지위에 참여하는 사회가 구성되기 전에는 임신과 출산을 경험하지 않은 채 자궁암으로 고생하는 예는 거의 존재하지 않았다.

호모사피엔스의 짧은 역사에 남은 것은 수도 없이 지우개와 수정액으로 고쳐서 너덜너덜해진 산더미 같은 설계도다. 변경된 그 설계도의 미래에는 어떤 운명이 기다리고 있을까. 잇달아 변경에 변경을 거듭하면서 진화를 계속해나가는 것일까?

사실 우리 동물학자는 그렇게 생각하지 않는다. 사람과는 두 다리로 선 지 기껏해야 수백만 년의 시간밖에 지나지 않았다. 그럼에도 인간은 2차 대전부터 냉전에 걸쳐서 버튼 하나로 완전히 씨를 말릴 만한 핵무기를 개발했다. 19세기 이후 인간은 쾌적한 생활과 물질적 행복을 추구하며 지구환경을 가히 불가역적이라 해도 될 정도로 파괴해왔다. 자연을 오염시키고, 온난화와 오존층 파괴 같은 국소적이라고는 도저히 생각할 수 없을 만큼 파괴적인 산업생활을 지속해왔다.

고작 500만 년 만에 이렇게까지 자신들이 사는 토대를 뒤흔든 '망나니'는 역시 사람과가 유일하다. 몇천만 년, 몇억 년이나 살아온 생물군 중에서 인류가 단기간에 저지른, 영리하기 때문에 저지른 어리석은 짓이야말로 이 집단이 동물로서는 명백한 실패작임을 의미한다고 할 수 있다.

사람과 전체를 비판하기가 망설여질지언정 호모사피엔스가 성공했다는 확신은 들지 않는다. 이 직립보행하는 동물은 굳이 따지자면 도깨비류다. 50킬로그램의 신체에 1,400세제곱센티미터의 뇌를 연결한 슬픈 괴물인 것이다.

설계변경을 반복해서 큰 뇌를 얻은 것까지는 그래도 좋았지만 그 뇌가 결국은 인간을 실패작으로 만드는 근원이었다고 생각한다. 물론 인간이 종種으로서 걸을 미래에 관한 의견을 제시하는 역할은 과학이 아니라 낭만과 문학이 무한히 담당할 몫이다. 그러나 인간의 미래를 예측하는 질문에 대해서 시체해부로 얻은 지식으로 대답하자면 역시 우리는 우리 자신을 막다른 골목에 봉착한 실패작으로 파악할 수밖에 없다. 물론 그것은 차후에 이 이상의 설계변경이 이루어지기 전에 우리 인류가 종말을 맞이하리라는 슬픈 미래의 예측이기도 하다. 이 이야기에서 우리가 무겁게 받아들여야 할 진실은 신체의 설계변경이 돌이킬 수 없는 실패작을 낳았다는 사실을 호모사피엔스 자신이 증명하고 있다는 것이다. 그러나 걱정해도 어쩔 수가 없다. 자신들이 실패작이라는 사실을 깨닫는 동물을 개발할 만큼 신체의 설계변경이 무한에 가까운 가능성을 간직하고 있다는 점에 나는 진심으로 탄복한다.

지식의 보고

시체만이 말한다

동물이든 인간이든 신체의 역사를 더듬어보니 실로 재미있는 발자취가 보였다. 본래 창고기 같은 뛰어난 설계도가 있었고, 그것을 대담하게도 여러 번 고친 끝에 결국에는 누덕누덕 기운 형태로 현재를 살아가고 있다는 사실을 잘 알았을 것이다. 축적된 설계변경 자체가 신체에 상당히 무리가 가는 구조를 숨겨왔다고 생각되는데, 인간에 이르러 겉으로 드러난다.

직립보행이라는, 어떤 의미에서는 어처구니없는 이동양식을 창조한 우리 인간은 그 때문에 신체 전반에 걸쳐서 '설계도'를 많이 변경해야만 했다. 그렇게 얻은 최대 '핵심'은 거대하고 월등히 우수한 뇌였다고 할 수 있다. 하지만 그렇게 해서 완성한 인간의 신체는 현대사회가 사람에게 요구하는 특이한 환경, 예를 들면 두뇌노동과 만혼화, 이상한 장수와 기술의존사회의 발전 속에서 비명을 지르고 있는 것이 사실이다.

이 책에서 이러한 진화의 묘미를 맛본 독자 여러분은 다시한번 「시작하며」에서 했던 이야기를 기억하기 바란다.

지금의 우리는 아파르 원인 같은, 예전에 존재하던 직립보행하는 개척자로부터 발전해 사족보행을 하는 유인원에서 사람과라는 완전히 새로운 집단으로 만들어져왔다. 그러나 이러한 지식은 하루아침에 완성된 것이 아니다. 원인의 화석을 실제로 발굴해서 그것이 무려 몇백만 년 전에 유인원에서 이탈해 사람으로 가는 첫걸음을 떼기 시작했다는 증거를 확보해나가는 데 학문의 세계는 몇십 년이나 되는 긴 시간을 요한다.

그렇게 해서 구축해온 지식의 세계에서 우리 인류의 시초에 관한 확고한 증거로 제시하는 정착된 이론이 바로 아파르 원인이다. 아파르 원인처럼 유인원과 인류를 잇는 존재가 370만 년 전의 동아프리카에 존재했고 차츰 인간으로 진화하는 길을 걷기 시작했다는 것은 관심이 있는 아이라면 이제 초등학생도 알 것이다. 그러나 거기까지 도달하기 위한 연구 노력은 이만저만이 아니다.

물론 우리 학자들이 원인猿人에 국한된 일만 하는 것은 아니다. 이 책에서 이야기한 신체의 역사를 해명하기 위해 우리는 집요하리만치 시체 수집과 해부에 열중하며 조금씩 차곡차곡 준비하면서 신체의 역사를 확실히 해독하고 있다.

동물원과 함께

시체가 사람과 사람을 잇는 장의 하나로 동물원이 있다. 시체를 다루는 학자에게 동물원은 가장 소중한 일터다. 동물원의 동물은 좀처럼 죽지 않는다고 생각하는 방문객들이 있다고 들어서 쓴웃음을 지었는데, 사육되는 동물의 생명에는 당연히 한계가 있다. 귀엽기는 하지만 그들도 속속 죽는다. 동물이 시체가 되어 동물원 구내에서 나올 때 남몰래 실어내는 것도 시체를 연구하는 과학자의 역할 중 하나다.

그런 동물원 직원에게 종종 이런 식의 질문을 받곤 한다.

"큰개미핥기가 죽었는데 눈에 띄는 큰 침샘이 어째서 이런 형상인지 흥미롭습니다. 어떻게 하면 이 형상의 의미를 알 수 있을까요?"

죽음을 맞이하는 동물들 곁에서 일하는 동물원 직원의 절실한 질문이며 뭔가를 연구하고자 하는 용솟음치는 의욕의 발로다. 물론 우수한 해부학적 감각에 뿌리내린 의문이므로 해답을 찾아내기는 쉽지 않다.

더욱이 이러한 동물원 직원들의 의문에 대해 현재의 학계는 다른 문제도 안고 있다. 오늘날의 대학과 연구기관에는 이러한 문제를 자유로이 즐겁게 논의할 수 있는 분위기가 사라진 것이 현실이다. 불황을 이유로 무분별한 행정개혁이 계속된 이래 대학은 너무나도 단기적인 업적과 기술개발을 정책적으로 요구받고 있다. 동물학도 수의학도 분자생물학도 예외는 아니다. 거추장스러운 사육과 죽음의 현장을 멀리하고, 즉각 업적이 나타나고 다음 예산을 회전시킬 수 있는 단기적 혹은 실리적 프로젝트에 전념할 수밖에 없다.

간단히 말하면 학계 전체가 돈을 굴리는 잡무에 농락당하면서, 개미핥기의 침샘이라는 불요불급한 일에 몰두할 여유를 잃었다. 결과적으로는 '귀중한 동물이 죽으면 그 DNA를 채취해서 주는 것으로 족하다'는 업적 다툼 일변도의 '연구자' 이기주의를 표방하는 시대가 오고 말았다. 수수한 동물의 시체에 이르러서는 아무도 활용하지 않으니 소각할 수밖에 없는 것이 일본의 연구실태다. 모두가 정책적으로 유도된 슬픈 현실이기도 하다.

이대로 가다가는 동물원은 학문의 조류에서 완전히 빠지고 만다. 오늘날 동물학의 절실한 과제는 개미핥기의 침샘에 얽힌 수수께끼에 대답하려는 인간을, 아무리 비현실적이라도 소중히 육성하는 것이다. 나와 동물원이 아무리 소리 높이 외쳐도 현재 일본 학계의 사태가 호전되지는 않는다. 그래도 인간의 호기심을 열심히 키워나가면 반드시 세상은 바뀔 것이다.

따라서 나는 이러한 질문이 날아들어도 방안을 명확히 제시하게끔 단련해둔다. 어쩌면 동물원에 계신 분들이 보기에 이런 의문에 진지하게 대처하는 대학의 학자는 손가락으로 꼽을 정도가 아닐까. 나를 지명해 의뢰하는 이러한 호기심에 온힘을 다해 응할 생각이다. 그러기 위해서 평소에 계속 자문한다.

'평소부터 시체 앞에 서 있는 나를 몰아붙인다.'

그것이 동물원과 함께 시체연구에 종사하는 사람의 수행이자 의무이며 삶이다.

동물원은 과학의 주역

큰개미핥기에 관한 질문을 던진 것은 가나가와동물원의 열성적인 사육사였다. 큰개미핥기 해부는 일본의 동물학자가 처리하는 소재가 아니다. 단지 그 갸름한 얼굴의 별난 동물이 먼 남미의 생물이기 때문만은 아니다. 애초에 일본에는 야생동물을 해부하는 학문상의 성과가 거의 축적되지 않았기 때문이다. 돈벌이와 합리적 경영 이전에 이제 그런 한가한 일은 대학의 책무가 아니라고까지들 한다.

하지만 지구의 한편에서는 이런 동물도 집요하리만치 해부하고 그림을 남겨온 무리가 있다. 나는 그런 사람들이 이미 몇십 년 전에 프랑스에서 출판한 정교하고 치밀한 해부도를 복사해서 내게 질문했던 사육사에게 보냈다. 내게도 큰개미핥기를 해부할 기회는 거의 없어서, 유일하게 2006년에 딱 한 번 그 개체와 만나 해부할 기회를 얻었다(그림 50).

다음에 이 동물에 관해 질문을 받게 되면 좀더 고도의 힌트를 연구결과로서 동물원에 꼭 보여주고 싶다. 가능하다면 흥미를 가진 일본 전역의 동물원 직원과 함께 핀셋을 쥘 기회를 만들 생각이다.

평소에도 시체가 출현했을 때 허둥대지 않고 연구에 매진하는 힘을 동물원에 계신 여러분과 함께 기르려고 한다. 그러려면 만일의 경우에 대비해서 두뇌훈련을 거듭하고 학문을 깊이 연구해야 한다. 썩기 시작한 시체가 등장했을 때는 벌써 1라운드의 공이 울린 것이다. 썩기 시작한 시체를 바라보면서 멍하니 팔짱 끼고 생각에 잠겼다가는 싸움에서 그만 선수를 빼앗기고 만다.

「시작하며」에서 말했던 비유로 돌아가겠다. 시체현장은

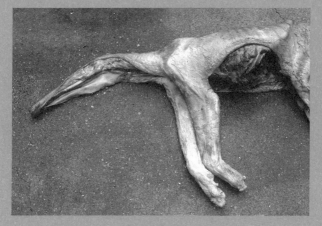

그림 50 우에노上野동물원의 두터운 호의로 큰개미핥기 시체가 국립과학박물관에 기증되었다. 해부를 개시하고 껍질을 다 벗긴 단계다. 이 종은 이전까지 도저히 해부할 기회를 얻을 수 없었다. 지금이야말로 내가 싸울 때다.

언제 발생할지 모르는 화재현장과도 같다. 소방관을 외과의 사나 군인으로 바꿔 읽어도 된다. 소방관이 만일의 사태에 대비해서 고층빌딩의 소화훈련에 힘쓸 때, 나는 머릿속으로 2톤짜리 코뿔소의 발굽을 떼어내려면 어떻게 해야 좋을지 실기훈련을 거듭한다. 외과의사가 치밀한 수술의 시뮬레이션에 신경을 집중할 때, 나는 세계에서 가장 진귀한 원숭이인 마다가스카르 손가락원숭이Daubentonia madagascariensis, 일명 아이아이aye-aye가 만에 하나 죽음을 맞이할 경우에 대비해서 해부도를 수집한다. 일본해군 육전대陸戰隊가 죽을 각오로 참호 파기 훈련을 할 무렵, 나는 만에 하나 50마리의 범고래Orcinus orca가 급작스레 좌초했을 때를 염두에 두고 수송방법을 연습한다. 전문가가 생각하는 이러한 장면을 앞으로 동물원 직원들과 더 많이 나누고 싶다.

동물원과 박물관을 보는 사회와 행정의 눈은 아무래도 심한 착각에 빠진 듯하다. 동물원은 동물을 보여주고 표를 팔기만 하는 기관이 아니다. 사람들의 과학적 호기심에 부응하기 위해 질 높은 교육과 연구성과를 축적할 필요가 있다. 나 같은 학자는 연구와 교육의 내용과 이념을 앞으로도 더 동물원과 의논해야 한다고 생각한다. 나 자신이 그런 일을 할 수 있는 대학을 만들고 싶다. 그리고 동물원이 그러한 학문을 진행할 수 있는 조직으로 성장했으면 좋겠다고 바랄 따름이다. 엄연히 시체가 있고, 시체가 사람과 사람을 연결해주는 이상 반드시 실현되리라 믿는다.

시체가 연결하는 동물원과 나

그런데 실제로 동물원에서 기린이 죽었다고 치자(그림 51). 여기서 내가 좋아하는 연구가 가능하다고 신바람이 나서 "제가 그 기린의 시체를 연구재료로 쓰도록 해주십시오!"라고 동물원에 호소하기에는 현장에서 아직 능력이 미숙하다.

어쩌면 그 기린은 동물원에서 20년 넘게 길렀을지도 모른다. 개체의 탄생에 입회했던 직원이 그대로 오래 정성껏 길렀던 사랑하는 반려동물일 가능성도 있다. 누가 사육하든 고락을 함께했던 동물이 황천길로 떠나는 날에 시체를 받으러 기중기를 갖고 등장하는 나는 단순히 밤샘하는 장례식장에 나타난 도둑 같아 보일 수도 있다. 하물며 대부분의 동물원은 행정기관의 책임을 다해야 한다. 마음 같아서는 관공서의 색채를 최대한 줄이고 싶지만 객관적인 입장에서 봤을 때 동물 시신을 인수하는 연구자는 자치단체에 속한 동물원의 상당수가 전통적으로 관공서에 딸린 기구라는 서슬픈 현실을 고려하지 않을 수 없다. 더군다나 요즘은 공무원이든 법인

그림 51 기린의 시체와 필자. 도쿄도 다마동물공원에서 기증받았을 때의 일이다. 시체연구에서 극히 평범하게 일어나는 시작 단계의 광경이다. 국립과학박물관의 골격처리 시설에서 촬영했다.

직원이든 각 기관의 특성을 살린 자구책 마련이 유행이건만 동물원에는 아직 그런 토양이 조성되지 않았다.

그리고 가장 중요한 사항인데, 시체는 물론 동물원의 소중한 재산이며 나는 그것을 받으러 가는 사람에 불과하다.

애초에 동물원 소유였던 시체가 다른 시간대에 내가 자유로이 만질 수 있는 것으로 바뀌는 것이다. 동물이 죽은 뒤 당분간은 내 것이 아니므로 안이하게 손을 대지 않는다.

언제든 동물원 직원에게 "엔도 씨, 이 시체 드릴 테니 가져가서 맘껏 연구하세요"라는 한마디를 듣기 전에는 하늘이 두 쪽 나도 시체에 손대지 않는다. 시체 자르는 날 선 도구를 가방에 넣고 밀봉해서 열쇠를 채운 채 마냥 뒷짐 지고 기다리면서도 아무런 요청을 하지 않는 것이 우리만의 방식이다. 그것이 시체를 해부하는 과학이 오래도록 동물원과 맺어온 올바른 관계다. 그것이 동물원 직원들을 최대한 존중하는, 이 학문이 나아갈 방향이다.

분명 우리의 전문가다운 모습을 보고 점차 동물원이 시체 연구에 관심을 가져서 현장업무가 원활하게 진행되는 경우도 많다. 그러한 진보는 우리의 기쁨으로도 이어진다. 그러나 적어도 처음에는 소방서 직원에 지지 않을 만큼의 투쟁심을 내면에만 간직하고 그저 하염없이 기다려야 한다.

물론 일단 "엔도 씨, 가져가세요"라고 하면 우리는 주어진 기회에 목숨을 건다. 살아 있는 동물을 기르고, 친절하게 넘겨준 동물원에 지지 않을 만큼 전문가 기질을 발휘해야 한다. 나머지는 이 시체를 과학세계에서 다시금 '살릴' 만한 일을 완수해서 보여주어야 하지 않겠는가.

여기까지 와야 비로소 나는 시체의 가죽에 손가락을 대고 예리하게 간 칼을 찔러 넣는다.

'평소부터 시체 앞에 선 나를 몰아붙인다.'

그렇게 단련한 두뇌로 원래의 소유자에게 과학의 해답을 돌려주는 것이 시체를 인수하는 사람의 삶이다. 시체를 수집하는 일이란, 시체를 연구하는 일이란 그런 것이다. 단지 연구재료로서 시체를 절개한답시고 동물원에 나타나는 것은 연구에 눈이 먼 이기주의자의 무지몽매한 모습이다. 시체연구에는 시체를 축으로 운영되는 다양한 사회와, 여러 사람과 의논하고 그들과 '함께 사는' 자세가 필요하다(졸저, 「동물원의 시체에서 최대의 학술성과를」, 엔도 히데키·야마기와 다이시로山際大志朗, 「해부학, 판다의 엄지손가락을 말하다」).

열의가 넘치는 동물원

나는 대학으로 직장을 옮기기 전에 박물관 직원으로 12년간

일한 경력이 있다. 당시부터, 그리고 대학으로 옮긴 후에도 종종 시체현장에 나타나 여러 번 소중한 보물을 운반해 갈 수 있도록 도움을 받았다. 적어도 그 횟수만큼은 동물원에 폐를 끼쳤다고 생각한다. 도쿄를 비롯해서 요코하마시·가와사키시川崎市·지바시千葉市·교토시 동물원, 고베神戸시립 오지王子동물원, 오사카시 덴노지天王寺동물원, 나고야시名古屋市의 히가시야마東山동물원에는 고개를 못 들겠다.

그리고 나 자신이 이러한 동물원의 직원들이 천성적으로 과학을 사랑하는 것에 무엇보다 큰 용기를 얻어왔다.

"동물이 죽으면 대체 시체를 어떻게 보존하는 것이 연구에 이로울까요?"

이런 말을 들을 때면 당황하는 것은 나다. 그럴 때는 이렇게 말하며 웃는다.

"비록 제가 해부학을 연구해서 시체를 바라긴 하지만 욕심도 정도껏 부려야지요. 해부학자는 원래 그 자리에 있는 시체로도 너끈히 할 일을 해야 제구실을 다했다고 할 수 있습니다. 너무 친절하면 요즘은 연구자도 자신만 생각하는 '하이에나들'이 많아서, 재료만 갖고 갈 겁니다."

그러나 각각의 동물 시체에는 실제로 아직 얼마든지 수수께끼가 남아 있다. 동물원 직원들의 손으로 시체연구가 가능한 길을 여는 것도 나의 일일 것이다. 이제는 재료만 원할 뿐인 이기주의자라고 오해하지 않을 테니 직원 앞에서 여러 가지 아이디어를 말할 수 있다.

이것이야말로 시체가 나와 동물원 직원들을 연결하고, 결국에는 함께 문화를 육성할 수 있게 하는 절호의 기회다. 요즘 유행하는 연구업적과 설명할 책임만 요구하는 연구 프로젝트의 결말을 훌쩍 뛰어넘어 순수한 호기심을 갖고 학자가 된 우리 연구에서 작은 꿈이 싹틀지도 모른다.

"치타는 앞발가락 관절을 한 번 더 관찰하고 싶군요. 더 빨리 달리려면 다른 고양잇과의 뼈로는 어렵습니다. 치타는 배치되어 있는 특출한 근육으로 발가락을 움직이고 땅을 찹니다. 단 200미터라도 직선으로 환산하면 시속 약 90킬로미터에 도달합니다. 그 속도를 높이는 열쇠를, 근육의 능력을 확실히 전달하는 발가락 운동이 쥐고 있을 것입니다. 발가락부터 다시 공략할까요?"

"들소bison의 시체라면 골반 주위를 절개하는 방식으로 승부하고 싶군요. 큰 수컷이라면 체중은 대충 1톤. 지금 살아 있는 소들 중에서는 최대급이니까요. 그런데도 시속 30킬로미터 이상을 유지하면서 장거리달리기를 합니다. 들소의 골반이 진화한 결과지요. 그 골반은 무거운 체중의 지탱과 빠르게 달리기를 양립시킨 특별한 형태입니다."

"자이언트판다와 다시금 대면할 수 있다면 소화관을 해부해보고 싶은데요. 기필코 다른 곰과Ursidae와의 차이가 위와 소장 구석구석에서 보일 것입니다. 원래 육식동물인 곰의 종류인데 정말로 대나무 먹기에만 특화되어 있으니까요. 그 식성으로 살아가려면 이제껏 발견하지 못한 기구가 소화기에 갖춰져 있다고 생각하는 편이 타당한 추측입니다."

"바다표범? 그것은 이미 심장 근육의 전자현미경 촬영과 육안으로 확인한 결과를 통해서 밝혀졌습니다. 한번 산소를 받아들이면 몇십 분이나 깊은 곳까지 잠수해서 먹이를 찾는 종류가 있습니다. 산소를 포함한 혈액을 평소대로 신체에 순환시켰다가는 충분한 먹이를 발견하기도 전에 산소가 바닥납니다. 따라서 그들의 심장은 잠수하는 동안 멈춰 있다고 생각될 정도로 천천히 뜁니다. 왜 그런 식으로 심장박동을 조절하는지에 관한 연구는 1980년대 이후로 답보상태입니다."

"만일 코끼리가 죽으면 코 근육을 일일이 확인하고 싶습니다. 그것은 코라기보다 잘 움직이는 윗입술입니다. 그 윗입술의 섬세한 동작을 관장하는 근육들을 하나하나 확인해서 그 주행방향을 추적하려면 평생이 걸립니다. 그런 한가한 일을 하는 대학교수는 없지만 꾸준히 계속하지 않으면 코끼리

코가 왜 그토록 능숙한가 하는 수수께끼의 해결을 그대로 미루는 꼴이지요."

이처럼 즐겁게 논의하는 시간이 자꾸자꾸 생긴다.

여러 동물원의 직원이 모인 집회에서 동물들의 그런 구체적인 사후 이야기를 할 기회가 늘었다. 사육사가 열심히 듣는 것을 보면 동물원의 가능성을 조금이나마 높여갈 기회라고 느낀다. 동물별로 시체에 관해 생각하는 주제를 말해달라며 내 수행성과에 대한 질문을 받을 정도니 요즘 젊은 동물원 직원들의 의욕은 대단히 높은 수준이다.

문화를 망치는 배금주의

동물원과의 시체 주고받기에 관해 방금 말한 치타의 발가락, 바다표범의 심장, 큰개미핥기의 침샘, 자이언트판다의 소화관……, 이러한 개개의 시체를 해부하는 경험을 축적해서 겨우 우리는 신체의 역사라는 큰 주제를 증명할 진실로, 또 동물학의 지식으로 남긴다. 그러한 지식에는 어느 날 어딘가에서 남몰래 죽음을 맞은 구더기투성이의 너구리 시체도 훌륭하게 공헌할 것이다. 이러한 일은 사회가 축적해나가야 하는 문화이며, 우리가 자랑스러워할 만한 지식이라고 해도 좋다.

그러나 안타깝게도 지금 동물학 세계에서는 시체를 수집

해서 지식을 늘리는 연구를 시간이 오래 걸린다는 이유로 좀처럼 진행하지 않는다. 눈치 챘을 테지만 많은 시체를 모아서 신체의 역사를 해명하려는 시도는 신제품을 개발하거나 큰 상품시장을 창출하는 속도 빠른 실용학문과는 상당히 다르다.

학문에 직접 종사하지 않는 독자는 실감이 나지 않을지도 모르지만, 특히 거품경제 붕괴 이후 일본의 학문은 시간으로나 돈으로나 전혀 여유가 없어지고 말았다. 행정개혁을 통해 학문이 사회에 공헌하는 모습으로서 거국적으로 유도된 것은 결코 무수한 시체를 통해 동물과 인간의 신체의 역사에 접근하는, 이른바 돈이 되지 않는 순수한 연구는 아니었다. 1990년대 이후에 일본이라는 나라가 지향한 학문의 모습은 즉시 돈을 낳는 것, 곧바로 국가경쟁력이 되어 대가를 낳는 것, 과학적 호기심보다는 현실적인 기술개발이었다. 당연히 그 배경에는 결국 그 연구가 얼마의 돈을 동원해서 몇 개의 특허를 획득하고, 투입한 세금에 대해 얼마나 물질적으로 국가를 부유하게 하느냐는 실로 천박한 '평가'가 수반된다. 어느 사이엔가 그러한 기준을 지향하지 않는 연구주제도 연구자도 세상의 구석으로 밀려나버렸다.

'문화보다도 돈!'

정치가와 재계인사, 나아가 보통의 젊은이까지도 배금주의의 물결에 동의해버리는 오늘이다.

'문화로서의 동물학, 사회의 지식을 지탱하기 위한 시체'라고 아무리 열변을 토해도 실제로는 끊임없이 역풍이 분다.

시체과학의 시초

그래서 나는 새로운 지식의 반격을 위해 우선 작은 걸음을 내딛기로 했다. 그것은 '시체기증'이라는 방식이다(그림 52). 물론 옛날부터 있었던 인간의학을 말하는 것이 아니라 동물의 시체를 말한다. 사회적 맥락에서 시체기증이라고 부르는 방식을 이용해서라도 과학을 위해 동물의 시체를 이용할 수 있도록 하고픈 간절한 마음에서였다.

착각하지 않기를 바라지만 물론 나는 동물의 죽은 신체에서 인간의 시신과 동등한 존엄을 발견하고, 동물들에게 지극한 애정을 보내자고 주장하는 극단적 동물애호사상가는 아니다. 동물의 신체에 대해 시체기증이라는 방식이 필요하다고 믿는 가장 큰 이유는 학문의 세계가 이기주의·합리주의로 유도되어 행정과 정치를 포함한 사회 전체가 과학계를 '평가'와 '경쟁'이라는 잣대 아래 연구문화를 파괴하는 길로 몰아넣었기 때문이다.

그림 52 동물 시체의 기증을 호소하는 안내문. 시체과학연구회라는 임의의 단체를 구성하고 문화발전을 위해 시체를 넘겨달라고 호소하고 있다.

시체과학연구회가 드리는 안내문입니다.
동물의 시체를 받습니다.

저희는 어떤 동물의 시체든 기꺼이 받겠습니다. 동물의 시체를 연구의 장에서 활용해 가급적 큰 연구성과로서 사회에 남기고자 온 힘을 기울이고 있습니다. 극히 평범한 종류의 동물이든 진귀한 동물이든, 성체든 유체幼體든, 죽은 지 얼마 안 된 시체든 썩은 것이든, 어떤 조건의 시체라도 수집하며 거기에서 흥미로운 연구를 진행하는 것이 저희가 바라는 '시체기증'의 자세입니다. 결코 시체의 종류를 한정하거나 시체의 상태를 지정하거나 제한된 연구목적과 특정 연구 프로젝트를 위해서만 시체를 수집하지 않습니다. 그리고 주신 시체를 미래를 위해 소장하고 자유로운 학술연구와 교육을 위해 영원히 활용하는 것이 저희의 일입니다.

* 그림 설명: 흰코뿔소의 시체를 기중기로 반출하고 있습니다.

요즘 시대의 '평가'와 '경쟁'이란 진정으로 의의가 깊은 평가와 경쟁과는 천지차이며, 단기간에 동원한 돈, 특허의 양과 발견을 발표하는 자리의 등급 매기기에 의존해 상부에서 설정한 것으로 전락했다. 그것은 이웃나라 한국의 배아줄기세포 소동에서 보았듯 태연히 거짓말을 하는 인간을 낳는 그릇된 치세라고 나는 믿는다. 과학자의 마음을 파괴하고 대학을 피폐하게 만드는 책임은 과학자 자신 훨씬 이전에 '경쟁'만 부추기는 오늘날 위정자의 본질에 뿌리내리고 있다.

'동물의 시체와 그 주위에 사는 인간을 근시안적인 기준으로부터 보호하고 싶다.'

그것이 나의 기도다. 왜냐하면 시체는 시간의 힘과 돈벌이의 도구여서는 안 되기 때문이다. 시체가 거짓 '평가'와 가짜 '경쟁'의 힘으로 버려지는 것을 용납하기 싫어서다.

이 책에서 빈번히 말했듯이 신체의 역사를 해명하려면 대략 5억 년이라는 시간과 직면해야 한다. 그 시도를 확실히 추진하려면 많은 동물의 시체를 수집하고 밤낮으로 메스와 핀셋을 휘둘러야 한다. 특허기술이 개발되면 자기방어를 위해 거짓을 꾸미기는 용이할 테지만 그것을 되풀이해도 일본이라는 나라와 일본인이 문화로서 학문을 육성하기 위한 기운은 전혀 무르익지 않을 것이다.

실제로 이제껏 일본에는 많은 박물관이 생겼다. 그런데 불행히도 그곳이 문화의 중심지로서 존중받은 흔적은 거의 없다(졸저, 「일본 생물학의 빛과 그늘」, 「대학 박물관은 Museum이 될 수 있는가」, 「박물관의 기아」, 「자연지 박물관의 미래」, 「지금 왜 animal science인가?」, 『판다의 시체는 되살아난다』, 『해부남』, 엔도 히데키·하야시 요시히로林良博, 「박물관을 짊어지는 힘」). 역사를 돌이켜보면 간신히 수집한 표본은 간토대지진으로 소실되었고, 박물관의 부흥에 힘을 쏟은 모습은 발견할 수 없다. 태평양전쟁 말기에는 일본군이 우에노공원의 박물관을 접수하고 중요한 표본의 대부분을 일본인 자신의 손으로 파괴했다는 슬픈 역사적 사실이 남아 있다. 종전 후 조성된 여러 박물관은 일반적으로 문화의 담당자라기보다는 관광객 유치를 목적으로 한 공공사업의 산물이다.

그런 나라이기에 지금 우리가 해야 할 일은 시체와 사회의 관계를 모색하고 문화를 위한 목적으로 시체를 연구해 결국에는 항구적으로 보존하는 길을 확립하는 것이 아닐까.

나는 오랫동안 해온 그러한 시체연구를 '시체과학'이라고 이름 붙였다(「시체과학의 전략」, 『해부남』, 『시체과학의 도전』). 시체과학은 시체를 연구하고, 미래에 남기는 행위 전체를 가리키는 말이다. 단순히 연구성과를 거두는 것만이 아니라 신체의 역사를 규명하기 위한 지식의 원천으로서 시체를 인간 사회에 자리매김해가는 방법에 관해 묻는 종합적인 사회활동 체계야말로 '시체과학'이다.

시체과학이 결실을 맺기 위해 학자의 입장에서 가장 우선적인 과제는 동물원, 박물관, 대학, 연구기관이 사회에 무엇을 남기느냐 하는 가치관을 공유하고 서로 힘껏 협력하는 것이다.

작게나마 시체과학을 위해 투쟁하는 상황에서 나는 미력하지만 학자 집단을 통해 목소리를 남기기로 했다. 동물원과 박물관을 학문과 문화의 원천으로 파악하는 입장에서 일본학술회의에서 편 주장을 정리해보았다. 그 결과는 뜻을 같이하는 몇 명의 벗과 함께 저술한 박물관에 관한 두 권의 보고서로서 누구나 읽을 수 있도록 공표했다(http://www.scj. go.jp/ja/info/kohyo/data_19_2.html). 이러한 목소리가 더욱 강력한 운동을 촉발시키려면 아직 몇 배의 노력이 더 필요할 것이다.

이들 보고서에서도 논의했으나 일본의 동물원과 박물관은 지금도 너무나 빈약하다. 나라가 시체를 문화적으로 다루지 않는다는 것은 동물원과 박물관을 사회에서 학문을 견인

하는 지도자로서 인지하지 않는다는 뜻이다. 그 책임을 동물원과 박물관에 돌리고 회피하는 것은 생물학 전문가로서 용납할 수 없는 일이다.

더 나아가서 이는 과학 전문가만의 이야기가 아니다. 독자 여러분이 참여하는 시민사회도 문화발전에 기여하는 동물원이나 박물관 같은 인식을 고수해야 한다. 근래에 화제가 된 동물원과 박물관의 지정관리자 제도, 시장화 테스트, 제3섹터화,* 민영화, 그리고 폐지 같은 과격한 사회교육의 개혁을 받아들일지 말지는 시민의 문화적 성숙도가 결정하기 때문이다.

종종 동물원과 박물관을 말할 때 많은 시민이 그러한 사회교육의 장에 대해 여전히 이용자 입장의 편의성이라는 척도밖에 갖고 있지 않은 듯해서 안타깝다. 실제로 교육기관인 동물원과 박물관을 유원지 같은 유흥시설이나 시영버스 같은 공공서비스 정도로만 생각하는 사람도 적지 않다.

동물원과 박물관은 경제활동으로서 성립하는 놀이터나 금전의 대가로 안락함을 제공하는 서비스업과는 전혀 다르다. 동물원과 박물관은 시민 개개인이 성숙한 책임의식을 가져야 할 대상이며 문화의 원천이다. 지금 시민이 목소리를

● 제1섹터(국가와 지방공공단체가 경영하는 공기업), 제2섹터(사기업)와 다른 제3의 방식에 의한 법인화, 비영리시설 중심의 공공재원과 영리시설 중심의 민간재원을 결합해 여가시설과 서비스를 제공하는 것을 말한다.

높여야 할 목표는 사회교육을 행정개혁의 대상으로 내놓는 정치와 행정의 안이한 자세다. 동물원과 박물관이 교육기관이고 문화의 장래를 담당하는 이상, 시민이 그에 대해 견지하는 자세는 선거 때의 한 표와 동일한 무게를 갖는다. 정치가에게 맡길, 서비스와 이익을 파생시키는 범주가 아닌 것이다. 마찬가지로 동물원에 대한 요구가 서비스와 안락함만이어서는 안 된다. 세상의 모든 행위를 금전으로 평가하듯이 동물원과 박물관의 의의를 유흥서비스로서의 성공도로만 측정한다면 거기서 이루어지는 행위는 이미 사회교육도 행정개혁도 아니다. 물론 문화도 아니다. 그런 것은 원숭이도 할 수 있는 그저 '생존행위'의 하나일 뿐이다. 문화발전은 피를 토하더라도 사회가 획득해야 할 내일을 위해 부과된 우리의 책임이다. 그 사실을 망각하고 사회교육을, 문화가 나아갈 미래를 헐값에 논의해서는 안 된다.

시체현장과 함께 살고, 날마다 수집하는 시체로부터 새로운 발견을 되풀이하며 시체를 미래까지 물려주는 우리 행위의 중심에는 항상 동물원과 박물관이 있다. 그리고 거기에서 태어난 하나의 지식체계가 이 책의 중심을 이룬다. 신체의 역사에 얽힌 몇 가지 이야기다.

이제 깨달았을 것이다.

시체과학은 시민사회 전체가 창조해나가는 동물원과 박물관과 떼려야 뗄 수 없는 관계다.

독자 여러분이 동물의 시체를 지식의 원천으로서 이해하는지, 동물원과 박물관을 미래과학의 중심이라고 인식하는지로 시체과학의 발전과 성패가 결정된다. 그리고 그렇게 분발한 시체과학은 무심코 안고 사는 여러분 자신의 신체 역사에 새로운 이해를 가져온다.

중고등학교에서 추천하는, 과학자가 쓴 계몽서들이 있다. 그 책을 추천하는 자리가 지식도 사고도 얄팍해진 불행한 이과 과목 교실이든, 그 이과 학습지도 요령에서 벗어날 수 있는 행복한 국어 시간이든 나는 이런 종류의 책이 무척 고역이다.

원래 학교와 교사와 문부과학성 행정이 무턱대고 아이에게 책을 추천하면 세간의 평가를 그대로 받아들이는 것이 가장 일손을 덜 수 있는 방법이다. 그렇게 뽑힌 책은 오래도록 팔려도 신용하지 않는 편이 좋다. 잘해야 올곧고 이상적인 사실을 쓴 설명서거나 재밌고 우습게 쓴 필자의 장단에 놀아나는 팸플릿 단계를 결코 못 벗어나기 때문이다.

나는 투쟁하는 학자의 모습을 많은 사람에게 보여주기를 염원하며 펜을 든다. '시체과학' 같은 수수한 학문이 몸부림치고 신음하는 모습을 그대로 응시하기 바란다. 거기에는 으레 출산의 고통을 극복하면서 사람과 동물 신체의 수수께끼를 해명하는 학자들의 끝없는 열정이 불타오르고 있다. 인간 사회가 매일 당연한 듯이 향유하는 신체에 관한 지식은 결코 세련되었다고는 할 수 없는 시체들과 학자들의 혼돈이 구축해온 것이다. 읽는 사람이 중학생이든, 직장인이든, 전업주부든, 유유자적하는 노인이든 상관없다. 과학이란 항상 현실과 싸워서 쟁취하는 것이라는 사실을 일반인들에게 예사로 알려주고 싶다.

수수께끼를 풀고 자신의 손으로 진리를 규명하려는 학자가 사는 모습이 드라마에 등장하는 과학자의 세련됨이나 국가적 경쟁력과 융합한 풍요로운 테크놀로지의 우아함과는 본질적으로 무관하다는 사실이 이 책을 통해서 많은 독자에게 전달된다면 더 큰 행복은 없을 것이다. 적어도 그 사실이 과학을 논할 때 근간으로 파악되지 않는 한 극동 섬나라의 문화는 배금주의 앞에 운산무소雲山霧消, 즉 구름이나 안개가 흔적도 없이 사라지듯 산산이 흩어져 사라지고 만다. 그것을 방지하고 과학을 미래 인류의 지식으로서 육성하려면 우리 학자들이 싸우는 책임을 다해야 하는 동시에 평소에는 학문 밖에 있을지도 모르는 독자 여러분의 과학에 대한 이해가 필요하다.

그리고 내 경우 그 중심에는 시체가 있기를 바란다. 영원히, 먼 미래까지도.

　책을 위해 다망한 가운데 여러 가지 그림을 그려주신 국립 과학박물관의 와타나베 요시미 씨께 감사드린다. 글 쓰는 나는 언제나 그 아름답고도 객관적인 묘사에 의지할 따름이다. 시체를 통해서 함께 내일을 열려고 하는 동물원 관계자들과 사냥꾼들께 진심으로 감사드린다. 고베시립 오지동물원의 하마 나쓰키浜夏樹 씨, 오사카시 덴노지동물원의 다케다 마사토竹田正人 씨, 다카미 가즈토시高見一利 씨, 나고야시 히가시야마東山동물원의 하시카와 히사시橋川央 씨, 나이토 기미요시内藤仁美 씨, 그 밖에 동물원에서 애쓰는 모든 분께서 격려해주신 덕에 비로소 일을 진행할 수 있었다. 이 길을 권해주신 도쿄도 동물원의 많은 분, 요코하마동물원 주라시아와 요코하마시 연구소에 계신 분들, 지바시 동물공원에 계신 분들, 그 밖에 평소에 협력해주신 많은 분께도 감사하는 마음 가득하다. 꾸준히 나를 전파에 실어주시는 우에야나기 마사히코 씨, 사쿠라바 교헤이櫻庭亮平 씨 외에 도쿄의 유라쿠초有楽町닛폰방송 스태프 모두와 청취자 분들, 그리고 무슨 영문인지 특수촬영 SF와 영상의 표상表象에 관한 화제와 함께 시체과학을 논하는 동료 가토 마사시加藤まさし 씨, 기타무라 다케시喜多

村武 씨, 시미즈 도시후미淸水俊文 씨, 오가와 겐지小川健司 씨, 마에다 세이지前田誠司 씨, 가와다 신이치로川田伸一朗 씨, 야마기시 겐山岸元 씨, 사쿠라이 가나櫻井香奈 씨, 고고 도모코小鄕智子 씨로부터는 기쁘게도 시체연구에 보내는 에너지를 받기만 한다. 진심으로 감사드리고 싶다. 마지막으로 고분샤신서 편집부의 고마쓰 겐小松現 씨께서는 직장을 옮기느라 바로 글을 쓸 수가 없었음에도 의리 있게 꼼꼼히 서툰 글을 봐주셨다. 진심으로 감사 말씀을 드린다.

* * *

집에서는 큰딸 사토코聰子가 얼마 후면 한 살 반을 맞이한다. 그 아이가 의사표시를 하는 방법은 오로지 울음이다. 시도 때도 없이 툭하면 큰 소리로 울어대는 사토코 앞에서 아내도 이따금씩 지친 얼굴을 보인다. 하지만 결국 나와 아내의 기운을 진정으로 북돋워주는 것은 천지가 뒤집힐 듯이 요란한 딸내미의 울음소리다.

오늘 밤도 또 큰 소리로 울기 시작했다.

시곗바늘은 2시 40분을 가리킨다. 조금 후면 어김없이 거의 울상이 된 사토코가 달래는 아내 등에 업혀서 서재로 놀

러올 것이다. 그래, 이렇게 심야에 두 사람의 얼굴을 보면 어느새 글 쓰는 힘이 불끈 솟는다. 고마워. 고마워. 또 그렇게 격려해줘. 다음 책의 원고용지와 대면할 때는 그저 우는 소리만 내지 않을 사토코가 뭐라고 말을 걸지 상상하며……

2006년 3월에

엔도 히데키

遠藤秀紀,『解剖男』, 講談社 現代新書, 2006

_____,『遺体科學の挑戰』, 東京大學出版会, 2006

_____,『パンダの死体はよみがえる』, 筑摩書房, 2013

_____,「動物園の遺体から最大の學術成果を」,『哺乳類の科學』
43: 57-58, 2003

_____,『遺体科學の挑戰』, 東京大學出版会, 2006

_____,『哺乳類の進化』, 東京大學出版会, 2002

_____,「遺体科學のストラテジ__」,『日本野生動物医學会誌』7:
17-22, 2002

_____,「いまなぜ アニマルサイエンスか? 農學がもつべき
Zoologyの未来象」,『UP』349: 24-29, 2001

_____,『ウシの動物學』, 東京大學出版会, 2001

_____,「自然誌博物館の未来」,『UP』324: 20-24, 1999

_____,「博物館の飢餓」,『野生動物の保護をめざす‘もぐらサミッ
ト’報告書』, 57-68, 比婆 科學教育振興会, 庄原, 1998

_____,「日本の生物學の光と陰」,『學問のアルケオロジ__』, 490-
495, 東京大學編, 1997

_____,「大學博物館はMeseumにmなり得るか」,『生物科學』49:

49-51, 1997

_____,「比較解剖學は今」,『生物科學』44:52-54. 1992

遠藤秀紀·山際大志郎,「解剖學'パンだの親指を語る」,『科學』70: 732-739, 2000

遠藤秀紀·林良博,「博物館を背負う力」,『生物科學』52 (2):99-106, 2000

片山一道(監譯) (Facchini, Fiorenzo 著),『人類の起源』, 同朋舎出版, 1993

津田恒之,『家畜生理學』, 養賢堂, 1982

NHK 取材班,〈NHK サイエンススペシャル生命 40億年はるかな旅 5〉, 日本放送出判協会, 1995

Ganong, W. F., Review of Medical Physiology, Lange Medical Books/McGraw-Hill, New York, 2005

Johanson, D.C and T.D. White, A systematic assessment of early African hominids. Science 203: 321-330, 1979

Schultz, A Relations between the lengths of the main parts of the foot skeleton in primates, Fokia Primatologica I: 150-171, 1963

인체, 진화의 실패작
너덜너덜한 설계도에 숨겨진 5억 년의 미스터리

2018년 4월 16일 초판 1쇄 발행

지은이 | 엔도 히데키
옮긴이 | 김소운
펴낸곳 | 여문책
펴낸이 | 소은주
등록 | 제25100-2017-000053호
주소 | (03482) 서울시 은평구 응암로 142-32, 101동 605호
전화 | (070) 5035-0756
팩스 | (02) 338-0750
전자우편 | yeomoonchaek@gmail.com
페이스북 | www.facebook.com/yeomoonchaek

ISBN 979-11-87700-20-3 (03490)

이 도서의 국립중앙도서관 출판시도서목록(cip)은 e-CIP 홈페이지(http://www.nl.go.kr/ecip)에서 이용하실 수 있습니다(CIP 제어번호: 2018009474).

여문책은 잘 익은 가을벼처럼 속이 알찬 책을 만듭니다.